中国荒漠经济植物图谱

郭建英　要振宇　赵杏花　褚建民　杨　锋 等　编著

中国水利水电出版社
www.waterpub.com.cn
·北京·

内 容 提 要

本书是一本介绍中国荒漠地区经济植物的图谱，图文并茂地展现了我国主要荒漠经济植物的形态、分布、生境、经济价值等内容，为读者全面了解中国荒漠经济植物提供了第一手资料，对推动荒漠地区的资源保育和科学研究有着重要的参考作用。

本书适合从事植物研究、教学、生产、生态保护、经营管理、科普等各领域的相关人员使用，也可作为科研院所、大专院校、农林牧行业的技术人员和管理人员的参考用书。

图书在版编目（CIP）数据

中国荒漠经济植物图谱 / 郭建英等编著. -- 北京 : 中国水利水电出版社, 2023.12
ISBN 978-7-5226-2062-6

Ⅰ. ①中… Ⅱ. ①郭… Ⅲ. ①旱生植物－经济植物－中国－图谱 Ⅳ. ①Q949.4-64

中国国家版本馆CIP数据核字(2024)第013882号

书　名	**中国荒漠经济植物图谱** ZHONGGUO HUANGMO JINGJI ZHIWU TUPU
作　者	郭建英　要振宇　赵杏花　褚建明　杨锋　等 编著
出版发行	中国水利水电出版社 （北京市海淀区玉渊潭南路 1 号 D 座　100038） 网址：www.waterpub.com.cn E-mail：sales@mwr.gov.cn 电话：（010）68545888（营销中心）
经　售	北京科水图书销售有限公司 电话：（010）68545874、63202643 全国各地新华书店和相关出版物销售网点
排　版	中国水利水电出版社微机排版中心
印　刷	北京印匠彩色印刷有限公司
规　格	184mm×260mm　16 开本　8.25 印张　166 千字
版　次	2023 年 12 月第 1 版　2023 年 12 月第 1 次印刷
印　数	001-500 册
定　价	**88.00** 元

凡购买我社图书，如有缺页、倒页、脱页的，本社营销中心负责调换

《中国荒漠经济植物图谱》编委会

主　　编： 郭建英　要振宇　赵杏花　褚建民　杨　锋

副 主 编： 崔　崴　樊永军　杨振奇　高天明　郑　颖

编　　委： 李锦荣　刘海龙　刘　静　刘茜雅　刘心宇　刘艳萍
珊　丹　汤鹏程　唐国栋　邢恩德　徐晓民　岳征文
张连根　张铁钢　张　欣　赵天启　张　璇　周　旭

技术顾问： 赵学勇　赵利清　兰登明

摄　　影： 褚建民　赵利清　兰登明　赵杏花　郭建英　樊永军
要振宇　高天明　王利兵　李得禄　高润红

前言

PREFACE

我国荒漠地区幅员辽阔，约占国土面积的五分之一，具有丰富的植物资源。其植物资源具有防风固沙、维持生态系统稳定等重要功能，为人类提供木材、药材、燃料、饲料、食品、栲胶以及其他产品，发挥了重要的经济价值。我国学者对荒漠地区的植物进行了较为系统的调查研究，促进了荒漠区植物的保育利用。目前，关于荒漠经济植物缺乏系统的整理收集，针对荒漠地区经济植物保育、科研、科普、教学及合理利用等实践指导作用不足，尚需编著一本较为系统、全面地描述荒漠经济植物的实用性图谱。

在国家基础资源调查专项——中国荒漠主要植物群落调查项目（2017FY100206）、中国水利水电科学研究院“十四五”五大人才计划——草地生态水文创新团队项目（MK0145B0 22021）、国家自然科学基金面上项目（42177347）、内蒙古阴山北麓草原生态水文国家野外科学观测研究站等项目与平台的资助下，水利部牧区水利科学研究所、内蒙古农业大学、中国林业科学研究院等单位研究人员通过历时5年的野外调查，查阅与梳理已公开发表的论文、出版的专著和地方资料等，完成了这部《中国荒漠经济植物图谱》。以期对荒漠地区植被调查、生态产业发展、荒漠植物资源合理利用等方面提供切实有效的服务。

本书共收录了我国荒漠地区常见且具有经济价值的植物120种，隶属于46科101属，植物图片395张。全书按照恩格勒系统进行分类与排序，从其习性、茎、叶、花、果实、物候期、生境、分布特征及资源利用可以发挥的经济价值进行了较为详细的描述，供从事荒漠植物资源研究、教学、生产、保育及有关行业管理者参考使用。

特别感谢中国科学院西北生态环境资源研究院赵学勇研究员、内蒙古农业大学兰登明教授、内蒙古大学赵利清教授等学者为本书提供指导和植物图片。

由于编者水平和时间所限，图谱中存在的错误、疏漏之处，敬请广大读者批评指正，以便再版时修正。

作者

2023年9月

目录

CONTENTS

1. 樟子松 *Pinus sylvestris* var. *mongolica* Litv.

俗名：海拉尔松、海拉尔-那日苏、蒙古赤松、白松、美人松、章子松

松科 Pinaceae　松属 *Pinus* L.

习性　中生乔木，幼树树冠尖塔形，老树呈圆顶或平顶，树冠稀疏。

树皮　大树树皮厚，树干下部呈灰褐色或黑褐色，深裂呈不规则的鳞状块片脱落，上部树皮及枝皮呈黄色至褐黄色，裂成薄片脱落。

枝叶　枝斜展或平展。针叶2针一束，硬直，常扭曲，长4~9cm，先端尖，边缘有细锯齿；叶鞘基部宿存，呈黑褐色。

球花　雄球花圆柱状、卵圆形；雌球花有短梗，当年生，小球果下垂。

球果　球果卵圆形或长卵圆形，成熟时呈淡褐灰色，熟后开始脱落；种子黑褐色，长卵圆形或倒卵圆形，微扁；子叶6~7枚。

花果期　花期5—6月，球果次年9—10月成熟。

生境　生于海拔400~900m山地的山脊、山顶和阳坡及较干旱的砂地、石砾砂土地。

分布　西北地区及内蒙古、黑龙江。

经济价值

用材　材质较细，纹理直，是工业、建筑业及制造业的木材原料。

工业　树干可割树脂，树皮可提栲胶。

环保　可作为庭园绿化树种。

2. 油松 *Pinus tabuliformis* Carr.

俗名：短叶松、巨果油松、紫翅油松、东北黑松、短叶马尾松、红皮松

松科 Pinaceae　松属 *Pinus* L.

习性　中生乔木，大枝平展或斜向上，老树平顶。

树皮　树皮深灰褐色或褐灰色，裂成不规则较厚的鳞状块片，裂缝及上部树皮红褐色。

枝叶　一年生枝较粗，淡灰黄色或淡红褐色，无毛，幼时微被白粉；冬芽圆柱形，顶端尖，红褐色，微具树脂，芽鳞边缘有丝状缺裂。针叶2针一束，长6.5~15cm，粗硬，不扭曲，边缘有细锯齿；叶淡褐色或淡黑褐色，宿存，有环纹。

球花　雄球花圆柱形，长1.2~1.8cm，在新枝下部聚生成穗状。

球果　球果卵球形或圆卵形，成熟前绿色，成熟时淡橙褐色或灰褐色，留存树上数年不落；种子褐色，卵圆形或长卵圆形，长6~8mm，直径4~6mm，连翅长15~18mm。

花果期　花期5月，球果成熟于次年9—10月。

生境　生于海拔800~1500m的山地。

分布　西北地区及内蒙古、山西、四川、河南、山东等。

经济价值

- 药用　枝叶、花粉和果实可入药，具有祛风湿、止痛、杀虫、祛痰、止咳、平喘等功效。
- 用材　建筑业及制造业的木材原料。
- 工业　树干可采割松脂，树皮可提取栲胶。
- 环保　可作为水土保持和城市绿化树种。

3. 杜松 *Juniperus rigida* Sieb. et Zucc.

俗名：软叶杜松、棒儿松、崩松、刚桧

柏科 Cupressaceae　刺柏属 *Juniperus* L.

习性

旱中生，灌木或小乔木，枝条直展，形成塔形或圆柱形的树冠。

树皮

树皮褐灰色，纵裂成条片脱落。

枝叶

小枝下垂或直立，幼枝三棱形，无毛。刺叶3叶轮生，条状针形，质厚，挺直，顶端渐窄，先端锐尖，上面凹成深槽，白粉带位于凹槽之中，较绿色边带窄，下面有明显的纵脊，横断面呈“V”状。

球花

雌雄异株；雄球花着生于一年生枝的叶腋，椭圆形，黄褐色；雌球花亦腋生于一年生枝的叶腋，球形，绿色或褐色。

球果

球果圆球形，直径6~8mm，成熟前紫褐色，成熟时淡褐黑色或蓝黑色，被白粉，内有2~3粒种子；种子近卵圆形，顶端尖，钝棱4，具树脂槽。

花果期

花期5月，球果成熟于次年10月。

生境

生于较干燥的山地。

分布

西北、东北地区及内蒙古、河北等。

经济价值

药用　果实可入药，具有利尿、发汗、驱风等功效。

用材　木材坚硬，纹理致密，耐腐力强，是建筑业及制造业常用的木材。

环保　可作为庭院绿化树种。

4. 叉子圆柏 *Juniperus sabina* L.

俗名：沙地柏、臭柏、爬柏、砂地柏、双子柏、天山圆柏、新疆圆柏

柏科 Cupressaceae　刺柏属 *Juniperus* L.

习性　旱中生，匍匐灌木，高不及1m，稀灌木或小乔木。

树皮　树皮灰褐色，裂成不规则薄片脱落。

枝叶　叶二型，刺叶仅出现在幼龄植株上，交互对生或3叶轮生，披针形，长3~7mm，先端刺尖，上面凹，下面拱圆；壮龄树上几乎全为鳞叶，交互对生，斜方形或菱状卵形，长约1.5mm，先端微钝或急尖，叶背中部有椭圆形或卵形腺体。

球花　雌雄异株，稀同株；雄球花椭圆形或矩圆形，长2~3mm，雄蕊5~7对，各具花药2~4；雌球花和球果着生于向下弯曲的小枝顶端。

球果　球果倒三角状球形或叉状球形，长5~8mm，直径5~9mm，成熟前蓝绿色，成熟时褐色、紫蓝色或黑色，多少被白粉，内有种子（1~）2~3（~5）；种子微扁，卵圆形，长4~5mm，顶端钝或微尖，有纵脊和树脂槽。

花果期　花期5月，球果成熟于次年10月。

生境　生于海拔1100~2800m地带的多石山坡、砂丘、针叶树或针叶树阔叶树混交林内。

分布　西北地区及内蒙古。

经济价值　环保　可作水土保持及固沙造林树种。

5. 草麻黄 *Ephedra sinica* Stapf

俗名：华麻黄、麻黄

麻黄科 Ephedraceae　麻黄属 *Ephedra* L.

习性

旱生，草本状灌木，高20~40cm。

枝叶

小枝直立或稍弯曲，具细纵槽纹。叶2裂，鞘占叶全长的1/3~2/3；裂片长0.5（~0.7）mm，先端钻形或狭三角形，上部膜质薄，围绕基部的变厚，几乎全为褐色，其余略呈白色。

球花

雄球花为复穗状，具总梗，梗长约2.5mm；苞片常4对，淡黄绿色；雄蕊7~8（~10），花丝合生或顶端稍分离。雌球花单生，顶生于当年生枝，腋生于老枝。雌球花2，雌球花成熟时苞片肉质，红色，矩圆状卵形或近圆球形，长6~8mm，直径5~6mm。

球果

种子通常2，包于红色肉质片内，不外露或与苞片等长，长卵形，长约6mm，直径约3mm，深褐色，一侧扁平或凹，一侧凸起，具2条槽纹，较光滑。

花果期

花期5—6月，种子成熟期8—9月。

生境

生于山坡、平原、干燥荒地、河床及草原等处。

分布

华北、东北地区及陕西、河南等。

经济价值

饲用　干草可作为羊和骆驼冬季牧草。

药用　茎和根可入药，具有发汗、散寒、平喘、利尿等功效。

6. 山杨 *Populus davidiana* Dode

俗名：火杨、阿吉拉音-奥力牙苏、白杨、垂枝山杨、大叶杨、红心杨

杨柳科 Salicaceae　杨属 *Populus* L.

习性 中生，乔木，树冠圆形。

树皮 树皮光滑，淡绿色或淡灰色，老树基部暗灰色。

枝叶 小枝无毛，光滑，赤褐色；叶芽顶生，卵圆形，光滑，微具胶质，褐色。单叶互生，短枝叶为卵圆形、圆形或三角状圆形，长3~8cm，宽2.5~7.5cm，基部圆形、宽圆形或截形，边缘具波状浅齿，初疏被柔毛，后变光滑；萌发枝叶大，长可达13.5cm；叶柄侧扁，长1.5~5.5cm。

花 雄花序轴疏被柔毛；苞片深裂，褐色，具疏柔毛；雄蕊5~12，花药带红色。雌花苞片淡褐色，被长柔毛；花盘杯状，边缘波形；柱头2裂，各2深裂，呈红色，近无柄。

果实 蒴果椭圆状纺锤形，通常2裂。

花果期 花期4—5月，果期5—6月。

生境 生于山坡、山脊和沟谷地带。

分布 西北、华北、东北、西南及华中地区。

经济价值

饲用　幼枝及叶可作为动物饲料。

用材　木材白色，轻软，富弹性，是建筑业及制造业的木材原料。

工业　树皮可提取栲胶。

环保　幼叶红艳可供观赏，也可作为绿化及水土保持树种。

7. 小叶杨 *Populus simonii* Carr.

俗名：明杨、白达木、白杨柳、宝日−毛都、菜杨、冬瓜杨、河南杨

杨柳科 Salicaceae　杨属 *Populus* L.

习性　中生，乔木。

树皮　树皮灰绿色，老时暗灰黑色，深裂。

枝叶　小枝和萌发枝有棱角，红褐色，后变黄褐色，无毛；冬芽细长，稍有胶质，棕褐色，光滑无毛。叶菱状卵形、菱状椭圆形或菱状倒卵形，先端渐尖或突尖，基部楔形或狭楔形，长枝叶中部以上最宽，边缘有细锯齿，上面通常无毛，下面淡绿白色。叶柄圆筒形，长0.5~4cm。

花　雄花序长4~7cm；苞片边缘齿裂，半齿半条裂，或条裂；雄蕊通常8~9，雌花序长2.5~6cm；苞片淡绿色，裂片褐色，2（3）瓣裂，无毛。

果实　果序长可达15cm，无毛；蒴果长2~3cm，2（~3）瓣裂。

花果期　花期4月，果期5—6月。

生境　生于河滩沙地及村旁、宅旁、道旁、水旁。

分布　西北、华北、东北、西南及华中地区。

经济价值

饲用　叶可做饲料。

用材　木材轻软细致，是建筑业及制造业木材原料。

环保　可作为庭院绿化、水土保持树种。

8. 白桦 *Betula platyphylla* Suk.

俗名：铁皮桦、粉桦、桦木

桦木科 Betulaceae　桦木属 *Betula* L.

习性 中生，乔木。

树皮 树皮白色，层状剥裂，内皮呈赤褐色。

枝叶 枝灰红褐色，光滑，密生黄色树脂状腺体；小枝红褐色，幼时稍有毛，后无毛，有时密生黄色树脂状腺体或无。叶稍厚，纸质，三角状卵形、长卵形、菱状卵形或宽卵形，长3~7cm，宽2.5~5.5cm，先端渐尖，有时呈短尾状渐尖，基部截形、宽楔形或楔形，有时微心形，边缘具不规则的粗重锯齿；上面绿色，幼时被短柔毛和腺点，后渐脱落，各脉凸起；下面淡绿色，无毛，密生腺点，侧脉5~8对。

花 果序单生，圆柱形，下垂或斜展；序梗幼时密被短柔毛，后近无毛。果苞长4~6（~7）mm，初时背面密被极短柔毛，后渐脱落，上部具3裂片；中裂片三角状卵形，先端短尾状渐尖或钝；侧裂片倒卵形或矩圆形，斜展、平展或下弯，较中裂片稍长、相等或宽。

果实 小坚果宽椭圆形或椭圆形，背面疏被极短柔毛；膜质翅长约3mm，宽1.5~1.7mm，比小坚果长约1/3，比果稍宽或与果等宽。

花果期 花期5—6月，果期8—9月。

生境 生于山坡或林中。

分布 西北、华北、东北地区及西藏、四川、河南等。

经济价值
用材　是制造业木材原料。
环保　可作为庭院绿化及观赏树种。

9. 虎榛子 *Ostryopsis davidiana* Decne.

俗名：棱榆、榛子、虎榛、虎榛柴、西仍黑、茶条子

桦木科 Betulaceae　虎榛子属 *Ostryopsis* Decne.

习性

中生，灌木，高1~5m。

树皮

树皮淡灰色，稀剥裂。

枝叶

老枝暗灰褐色，无毛，具细裂纹，黄褐色皮孔明显。小枝黄褐色，密被黄色极短柔毛；皮孔圆形，凸起，纵裂。叶宽卵形、椭圆状卵形，稀卵圆形，先端渐尖或锐尖，边缘具粗重锯齿；叶柄密被短柔毛，间或疏生长柔毛。

花

雄葇荑花序单生于叶腋，下垂，矩圆状圆柱形，不裸露越冬；花序梗极短。

果实

小坚果卵圆形或近球形，栗褐色，光亮，疏被短柔毛，具细条纹；顶部初时具白色膜质长嘴，后渐脱落。

花果期

花期4—5月，果期7—8月。

生境

生于海拔800~2400m的山坡及杂木林、油松林下。

分布

华北地区及甘肃、辽宁、四川。

经济价值

用材　枝条柔韧，经久耐用是制造业木材原料。

工业　种子含油，树皮及叶含鞣质，可提取栲胶，可作为轻工业及化工原料。

10. 蒙古栎 *Quercus mongolica* Fisch. ex Ledeb.

俗名：青杩子、柞树、辽东栎、大果蒙古栎、五台栎

壳斗科 Fagaceae　栎属 *Quercus* L.

习性 中生，乔木。

树皮 树皮暗灰色，深纵裂。

枝叶 当年生枝褐色，光滑；二年生枝灰紫褐色，无毛；叶革质，稍厚硬，倒卵状椭圆形或倒卵形；上面暗绿色，幼时中脉有毛，后渐脱落；下面淡绿色，各脉凸起，幼时沿脉被毛，老时变光滑；叶自中部渐窄。

花 雄花为葇荑花序，下垂，花期延长；雄蕊8，黄色。雌花具6裂花被，花柱宿存。

果实 坚果长卵圆形或圆形，单生或2~3个集生，顶部稍凹呈圆形，密被黄色短茸毛。壳斗浅碗状，包围果实1/3~1/2；壳斗外壁苞片小，三角状卵形，背面呈瘤状突起或扁干，最上面的苞片薄、渐尖，形成不整齐的齿状边缘。

花果期 花期6月，果期10月。

生境 生于海拔200~2100m的山地。

分布 东北地区及内蒙古、河北、山东等。

经济价值
- 饲用　叶可饲用。
- 药用　树皮可入药，具有消热、解毒、利湿功效。
- 用材　材质坚硬，耐腐力强，是建筑业及制造业的木材原料。
- 工业　树皮、壳斗、叶均可提制栲胶。

11. 榆 *Ulmus pumila* L.

俗名：白榆、家榆、榆树、钻天榆

榆科 Ulmaceae　榆属 *Ulmus* L.

习性 旱中生，乔木，在干瘠之地长成灌木状。

树皮 树皮暗灰色，不规则纵裂，粗糙。

枝叶 小枝黄褐色、灰褐色或紫色，光滑或具柔毛。叶矩圆状卵形或矩圆状披针形，先端渐尖或尖，基部近对称或稍偏斜，圆形、微心形或宽楔形，上面光滑，下面幼时有柔毛，后脱落或仅在脉腋簇生柔毛，边缘具不规则而较钝的重锯齿或为单锯齿，叶柄长2~8mm。

花 花先叶开放，两性，簇生于去年生枝上；花萼4裂，紫红色，宿存；雄蕊4，花药紫色。

果实 翅果近圆形或卵圆形，除顶端缺口处被毛外，他处无毛；果核位于翅果的中部或微偏上，与果翅颜色相同，为黄白色；果柄长1~2mm。

花果期 花期4月，果期5月。

生境 生于山坡、山谷、川地、丘陵及沙岗等处。

分布 西北、华北、东北及西南地区。

经济价值

食用　果实称“榆钱”，可食用。

饲用　叶可作饲料。

药用　树皮、叶及翅果能入药，具有安神、利便功效。

用材　边材窄，淡黄褐色，心材暗灰褐色，纹理直，结构略粗，坚实耐用，是建筑业及制造业木材原料。

工业　枝皮纤维坚韧，可作为纺织工业原料。

12. 麻叶荨麻 *Urtica cannabina* L.

俗名：蝎子草、焮麻

荨麻科 Urticaceae　荨麻属 *Urtica* L.

习性 中生，多年生草本，横走的根状茎木质化。

植株 全株被柔毛和螫毛。

茎 具匍匐根状茎。茎直立，丛生，具纵棱和槽。

叶 叶片五角形，掌状3深裂或3全裂；叶片上面深绿色，叶脉凹入；叶片下面淡绿色，叶脉稍隆起；叶柄长1.5~8cm；托叶披针形或宽条形，离生。

花 花单性，雌雄同株或异株，同株者雄花序生于下方；雌花序呈穗状聚伞花序丛生于茎上部叶腋间，分枝，具密生花簇。雄花直径约2mm，花被4深裂，裂片宽椭圆状卵形，先端尖而略呈盔状，雄蕊4；花药椭圆形，黄色。雌花花被4中裂，裂片椭圆形；背生2枚裂片花后增大，宽椭圆形。

果实 瘦果宽椭圆状卵形或宽卵形，稍扁，光滑，具少数褐色斑点。

花果期 花期7—8月，果期8—9月。

生境 生于人类和动物经常活动的干燥山坡、丘陵坡地、沙丘坡地、居民点附近。

分布 东北、西北及华北地区。

经济价值

饲用　青鲜时可作为羊和骆驼等饲料。

药用　全草可入药，具有祛风、化痞、解毒、温胃功效。

工业　茎皮含纤维，果实含油，可作为工业原料。

13. 叉分蓼 *Polygonum divaricatum* L.

俗名：分叉蓼、叉分神血宁、酸不溜

蓼科 Polygonaceae　蓼属 *Polygonum* L.

习性

旱中生，多年生草本，高0.7~1.2m，植株外型呈球形。

茎

茎直立或斜升，有细沟纹，疏生柔毛或无毛，中空，节部通常膨胀；多分枝，常呈叉状，疏散而开展。

叶

叶片披针形、椭圆形或矩圆状条形，全缘或缘部略呈波状，两面被疏长毛或无毛，边缘常具缘毛或无毛，具短柄或近无柄；托叶鞘膜，褐色，脉纹明显，有毛或无毛。

花

花序顶生，大型，为疏松开展的圆锥花序；苞卵形，长2~3mm，膜质，褐色，内含2~3花；花梗无毛，上端有关节。花被白色或淡黄色，5深裂；花被片圆形，大小略相等，开展。雄蕊7~8，比花被短。花柱3，柱头头状。

果实

瘦果卵状菱形或椭圆形，具3锐棱，黄褐色，有光泽。

花果期

花期6—7月，果期8—9月。

生境

生于山坡草地、山谷灌丛。

分布

华北、东北地区及山东。

经济价值

饲用　茎叶可作为绵羊和山羊等的饲料。

药用　全草可入药，具有清热消积、散瘿止泻、祛寒温肾等功效。

工业　根可提取栲胶。

14. 拳参 *Polygonum bistorta* L.

俗名：拳蓼、紫参、草河车

蓼科 Polygonaceae　蓼属 *Polygonum* L.

习性 中生，多年生草本，高20~80cm。

根 根状茎肥厚，弯曲，外皮黑褐色，多须根，具残留的老叶。

茎 茎直立，较细弱，不分枝，无毛，通常2~3个自根状茎上发出。

叶 基生叶矩圆状披针形、披针形至狭卵形，边缘通常外卷，两面无毛，稀被乳头状突起或短粗毛，具长柄；托叶鞘筒状，上部锈褐色，下部绿色，无毛或有毛。茎上部叶较狭小，条形或狭披针形，无柄或抱茎。

花 花序穗状，顶生，圆柱状，通常长3~9cm，宽1~1.5cm，花密集；苞片卵形或椭圆形，淡褐色，膜质，内含4朵花；花梗纤细，顶端具关节，较片长；花被白色或粉红色，5深裂，花被片椭圆形；雄蕊8，与花被片近等长；花柱3。

果实 瘦果椭圆形，具3棱，红褐色或黑色，有光泽，常露出宿存花被外。

花果期 花期6—7月，果期8—9月。

生境 生于山坡草地、山顶草甸。

分布 西北、华北、东北地区及河南、山东等。

经济价值 药用　茎可入药，具有清热解毒、散结消肿功效。

15. 珠芽蓼 *Polygonum viviparum* L.

俗名：山谷子、山高粱

蓼科 Polygonaceae　蓼属 *Polygonum* L.

习性 中生，多年生草本，高10~35cm。

根 根状茎粗短，肥厚，有时呈钩状卷曲，紫褐色，多须根，具残留的老叶。

茎 茎直立，不分枝，通常2~3个自根状茎上发出，细弱，具细条纹。

叶 叶片革质，矩圆形、卵形或披针形，叶缘稍反卷；基生叶与茎下部叶具长柄，叶柄无翅。茎上部叶披针形或条状披针形，渐小，无柄。托叶鞘长筒状，棕褐色，无毛。

花 花序穗状，顶生。苞膜质，淡褐色，宽卵形，先端锐尖，开展，其中着生1珠芽或1~2花；珠芽宽卵形，褐色，通常着生在花穗的下半部，有时可上达花穗顶端或全均为珠芽，珠芽常未脱离母体即可发芽生长。花梗细，比苞短或长。花被白色或粉红色，5深裂：花被片宽椭圆形或近倒卵形。雄蕊通常8；花丝长短不等，露出或不露出于花被之外；花药暗紫色。花柱3，细长，基部合生；柱头小，头状。

果实 瘦果卵形，具3棱，先端尖，深褐色，有光泽。

花果期 花期6—7月，果期7—9月。

生境 生于山坡林下、高山或亚高山草甸。

分布 西北、华北、东北、西南地区及河南。

经济价值 药用　茎可入药，具有清热解毒、止血功效。

16. 波叶大黄 *Rheum rhabarbarum* L.

俗名：华北大黄、长叶波叶大黄

蓼科 Polygonaceae　大黄属 *Rheum* L.

习性 中生，多年生草本，高0.6~1.5m。

根 根肥大。

茎 茎直立，粗壮，具细纵沟纹，无毛，通常不分枝。

叶 基生叶大，三角状卵形至宽卵形，先端钝，基部心形，边缘具强皱波，具5条由基部射出的粗大叶脉，叶柄、叶脉及叶缘被短毛；叶柄长7~12cm，半圆柱形，甚壮硬。茎生叶较小，卵形，边缘呈波状，具短柄或近无柄。托叶鞘长卵形，暗褐色，下部抱茎，不脱落。

花 圆锥花序直立顶生：苞片小，肉质，通常破裂而不完全，内含3~5花；花梗纤细，中部以下具关节：花白色；花被片6，卵形或近圆形，排成2轮，外轮3枚较厚而小，花后向背面反曲；雄蕊9。子房三角状卵形；花柱3，向下弯曲，极短；柱头扩大，稍呈圆片形。

果实 瘦果卵状椭圆形，具3棱，沿棱有宽翅，先端略凹陷，基部近心形，具宿存花被。

花果期 花期6月，果期6—7月。

生境 生于海拔1000m的山地。

分布 内蒙古、辽宁及黑龙江。

经济价值 药用　根可入药，具有清热解毒、止血、祛痰等功效。

17. 酸模 *Rumex acetosa* L.

俗名：山羊蹄、酸溜溜、酸不溜

蓼科 Polygonaceae Juss. 酸模属 *Rumex* L.

习性 中生，多年生草本，高30~80cm。

根 须根。

茎 茎直立，中空，通常不分枝，有纵沟纹，无毛。

叶 基生叶与茎下部叶卵状矩圆形，全缘，有时略呈波状，上面无毛，下面叶脉及叶缘常具乳头状突起；茎上部叶较狭小，披针形，无柄且抱茎；托叶鞘长1~2cm，易破裂。

花 花序狭圆锥状，顶生，分枝稀疏，纤细，弯曲；花单性，雌雄异株；苞片三角形，膜质，褐色，具乳头状突起；花梗中部具关节；花被片6，2轮，红色。雄花花被片直立，椭圆形；雄蕊6，花丝甚短，花药大。雌花外花被片椭圆形，反折；内花被片直立，果期增大，圆形，近全缘，基部心形，有网纹；子房三棱形，柱头画笔状，紫红色。

果实 瘦果椭圆形，有3棱，角棱锐，两端尖，长约2mm，宽约1mm，暗褐色，有光泽。

花果期 花期6—7月，果期7—8月。

生境 生于山坡、林缘、沟边、路旁等。

分布 我国各省份。

经济价值

饲用　茎、叶可作饲料。

药用　全草可入药，具有凉血、解毒功效。

18. 皱叶酸模 *Rumex crispus* L.

俗名：土大黄、羊蹄

蓼科 Polygonaceae　酸模属 *Rumex* L.

习性 中生，多年生草本，高50~80cm。

根 根粗大，断面黄棕色，味苦。

茎 茎直立，单生，通常不分枝，具浅沟槽，无毛。

叶 叶片薄纸质，披针形或矩圆状披针形，边缘皱波状，两面均无毛，叶柄比叶稍短，茎上部叶渐小，披针形或狭披针形，具短柄；托叶鞘筒状，常破裂、脱落。

花 花两性，多花簇生于叶腋，或在叶腋形成短的总状花序，合成一狭长的圆锥花序；花梗细，果期稍伸长，中部以下具关节。花被片6；外花被片椭圆形；内花被片宽卵形，先端锐尖或钝，基部浅心形，边缘微波状或全缘，网纹明显，各具1个小瘤，小瘤卵形。雄蕊6。花柱3，柱头画笔状。

果实 瘦果椭圆形，有3棱，角棱锐，褐色，有光泽。

花果期 花果期6—9月。

生境 生于河滩、沟边湿地。

分布 西北、华北、东北地区及四川、贵州、河南、湖北、山东。

经济价值 药用　根可入药，具有清热解毒、止血、通便、杀虫功效。

工业　根和叶均含鞣质，可提栲胶。

19. 地肤 *Kochia scoparia*（L.）Schrad.

俗名：扫帚苗（地肤变形）、扫帚菜、观音菜、孔雀松、碱地肤

藜科 Chenopodiaceae　地肤属 *Kochia* Roth

习性 中生，一年生草本，高0.5~1m。

茎 茎直立，粗壮，常自基部分枝。分枝多斜升，具条纹，淡绿色或浅红色，至晚秋变为红色，幼枝有白色柔毛。

叶 叶片披针形至条状披针形，全缘，无毛或被柔毛，边缘常有白色长毛，逐渐脱落，淡绿色或黄绿色，通常具3条纵脉，叶无柄。

花 花无梗，通常单生或2朵生于叶脉，于枝上排成稀疏的穗状花序。花被片5，基部合生，黄绿色，卵形，背部近先端处有绿色隆脊及横生的龙骨状凸起，果期龙骨状凸起发育为横生的翅；翅短，卵形，膜质，全缘或有钝齿。

果实 胞果扁球形，包于花被内；种子与果同形，黑色。

花果期 花期6—9月，果期8—10月。

生境 生于田边、路旁、荒地等处。

分布 我国各省份。

经济价值
食用　幼苗可作蔬菜。
药用　果实可入药，具有清热利湿、祛风止痒功效。

20. 碱蓬 *Suaeda glauca*（Bunge）Bunge

俗名：灰绿碱蓬、和日斯、和日新、黄须菜、灰绿硷蓬、灰绿碱蓬地

藜科 Chenopodiaceae　碱蓬属 *Suaeda* Forssk. ex J. F. Gmel.

习性　湿生，一年生草本，高30~60cm。

茎　茎直立，圆柱形，浅绿色，具条纹，上部多分枝。分枝细长，斜升或开展。

叶　叶条形、半圆柱状或扁平，灰绿色，先端钝或稍尖，光滑或被粉粒，通常稍向上弯曲；茎上部叶渐变短。

花　花两性，单生或2~5朵簇生于叶腋的短柄上，或呈团伞状，通常与叶具共同之柄；小苞片短于花被，卵形，锐尖。花被片5，矩圆形，向内包卷；果期花被增厚，具隆脊，呈五角星状。

果实　胞果有2：其一扁平，圆形，紧包于五角星形的花被内；其二呈球形，上端稍裸露，花被不为五角星形。种子近圆形，横生或直立，有颗粒状点纹，黑色。

花果期　花期7—8月，果期9月。

生境　生于海滨、荒地、渠岸、田边等盐碱地。

分布　西北、华北地区及黑龙江等。

经济价值　工业　种子含油25%左右，可作为工业原料。

21. 藜 *Chenopodium album* L.

俗名：灰条菜、灰藋、白藜

藜科 Chenopodiaceae　藜属 *Chenopodium* L.

习性

中生，一年生草本，高0.3~1.5m。

茎

茎直立，粗壮，圆柱形，具棱，有沟槽及红色或紫色色条，嫩时被白色粉粒，多分枝。枝斜升或开展。

叶

叶片三角状卵形或菱状卵形，先端钝或尖，基部楔形，边缘具不整齐的波状牙齿，或稍呈缺刻状，稀近全缘，上面深绿色，下面灰白色或淡紫色，密被灰白色粉粒，叶具长柄。

花

花黄绿色，每8~15朵或更多聚成团伞花簇，多数花簇排成腋生或顶生的圆锥花序；花被片5，宽卵形至椭圆形，被粉粒，背部具纵隆脊，边缘膜质，先端钝或微尖；雄蕊5，伸出花被外；花柱短，柱头2。

果实

胞果全包于花被内或顶端稍露；果皮薄，初生小泡状凸起，后期小泡脱落变成皱纹，和种子紧贴；种子横生，两面凸或呈扁球形，光亮，近黑色，表面有浅沟纹及点洼；胚环形。

花果期

花期8—9月，果期9—10月。

生境

生于路旁、荒地及田间。

分布

我国各省份。

经济价值

食用　幼苗可作蔬菜。
饲用　茎叶可作为饲料。
药用　全草入药，具有止泻痢、止痒功效。

22. 沙蓬 *Agriophyllum squarrosum*（L.）Moq.

俗名：沙米、登相子

藜科 Chenopodiaceae　沙蓬属 *Agriophyllum* M. Bieb.

习性 旱生，一年生草本，高15~50cm。

茎 茎坚硬，浅绿色，具不明显条棱，幼时全株密被分枝状毛，后脱落，多分枝。最下部分枝通常对生或轮生，平卧；上部分枝互生，斜展。

叶 叶披针形或条形，先端渐尖有小刺尖，基部渐狭，有3~9条纵行的脉，幼时下面密被分枝状毛，后脱落，叶无柄。

花 花序穗状，紧密，宽卵形或圆状，无梗，通常1（~3）枚着生于叶腋；苞片宽卵形，先端急缩且具短刺尖，后期反折；花被片1~3，膜质；雄蕊2~3，花丝扁平，锥形，花药宽卵形；子房扁卵形，被毛，柱头2。

果实 胞果圆形或椭圆形，两面扁平或背面稍凸，除基部外周围有翅，顶部具果喙，果喙深裂成2个条状扁平的小喙，小喙先端外侧各有1个小齿；种子近圆形，扁平，光滑。

花果期 花果期8—10月。

生境 生于沙丘或流动沙丘的背风坡上。

分布 西北、东北地区及内蒙古、河北、西藏等。

经济价值 饲用　植株可作牲畜饲料。

23. 西伯利亚滨藜 *Atriplex sibirica* L.

俗名：刺果粉藜、麻落粒

藜科 Chenopodiaceae　滨藜属 *Atriplex* L.

习性　中生，一年生草本，高20~50cm。

茎　茎直立，钝四棱形，通常由基部分枝，被白粉。茎有条纹。

叶　叶互生，菱状卵形、卵状三角形或宽三角形，先端微钝，基部宽楔形，边缘具不整齐的波状钝牙齿，中部的一对齿较大，呈裂片状，稀近全缘，上面绿色，平滑或稍有白粉，下面密被粉粒，银白色，具短柄。

花　花单性，雌雄同株，簇生于叶腋，呈团伞花序，于茎上部构成穗状花序。雄花花被片5；雄蕊3~5，生于花托上。雌花无花被，被2合生苞片包围；果期苞片膨大，木质，宽卵形或近圆形，两面凸，呈球状，顶端具牙齿，基部楔形，有短柄，表面被白粉，生多数短棘状凸起。

果实　胞果卵形或近圆形；果皮薄，贴附种子；种子直立，圆形，两面凸，稍呈扁球形，红褐色或淡黄褐色。

花果期　花期7—8月，果期8—9月。

生境　生于盐碱荒漠、湖边、渠沿、河岸及固定沙丘等处。

分布　西北、东北地区及内蒙古、河北。

经济价值　饲用　可作为羊、骆驼等的饲料。

24. 猪毛菜 *Salsola collina* Pall.

俗名：山叉明棵、扎蓬棵、沙蓬

藜科 Chenopodiaceae　猪毛菜属 *Salsola* L.

习性　旱中生，一年生草本，高0.2~1m。

茎　茎近直立，通常由基部分枝，开展；茎及枝淡绿色，有白色或紫色条纹，被稀疏的短糙硬毛或无毛。

叶　叶条状圆柱形，肉质，先端具小刺尖，基部稍扩展，下延，深绿色，有时带红色，无毛或被短糙硬毛。

花　花通常多数，生于茎及枝上端，排列为细长的穗状花序，稀单生于叶腋；苞片卵形，具锐长尖，绿色，边缘膜质，背面有白色隆脊，花后变硬；小苞片狭披针形，紧贴花序轴，先端具刺尖；花被片披针形，膜质透明，直立，较短于苞，果期背部生有鸡冠状革质凸起，有时为2浅裂。雄蕊5，稍超出花被；花丝基部扩展；花药矩圆形，顶部无附属物。柱头丝形，长为花柱的1.5~2倍。

果实　胞果倒卵形，果皮膜质；种子倒卵形，顶端截形。

花果期　花期7—9月，果期8—10月。

生境　生于村边，路边及荒芜场所。

分布　西北、华北、东北、西南地区及河南、山东等。

经济价值
- 饲用　嫩茎、叶可作为饲料。
- 药用　全草入药，具有平肝潜阳、润肠通便功效。

25. 马齿苋 *Portulaca oleracea* L.

俗名：胖娃娃菜、瓜米菜、马齿菜、蚂蚱菜、马苋菜、马齿草、麻绳菜、瓜子菜、五方草、长命菜、五行草、马苋、马耳菜

马齿苋科 Portulacaceae　马齿苋属 *Portulaca* L.

习性 中生，一年生草本，全株无毛。

茎 茎平卧或斜升，多分枝，淡绿色或红紫色。

叶 叶肥厚肉质，倒卵状楔形或匙状楔形，先端圆钝，平截或微凹，基部宽楔形，全缘，中脉微隆起，叶柄短粗。

花 花小，黄色，3~5朵簇生于枝顶，无梗；总苞片4~5，叶状，近轮生；萼片2，对生，盔形，左右压扁，先端锐尖，背部具翅状隆脊；花瓣5，黄色，倒卵状矩圆形或倒心形，顶端微凹，较萼片长；雄蕊8~12，花药黄色。雌蕊1；子房半下位，1室；花柱比雄蕊稍长，顶端4~6裂，条形。

果实 蒴果圆锥形，长约5mm，自中部横裂成帽盖状；种子多数，细小，黑色，有光泽，肾状卵圆形。

花果期 花期7—8月，果期8—10月。

生境 生于菜园、农田、路旁等地。

分布 我国各省份。

经济价值

饲用　嫩茎叶可作为饲料。

药用　全草可入药，具有清热利湿、解毒消肿、止血等功效。

26. 山蚂蚱草 *Silene jenisseensis* Willd.

俗名：叶尼塞蝇子草、旱麦瓶草、长白山蚂蚱草、麦瓶草

石竹科 Caryophyllaceae　蝇子草属 *Silene* L.

习性　旱生，多年生草本，高20~50cm。

根　直根粗长，直径6~12mm，黄褐色或黑褐色，顶部具多头。茎几个至十余个丛生，直立或斜升，基部常包被枯黄色残叶。

叶　基生叶簇生，多数，具长柄；叶片披针状条形或条形，全缘或有微齿状凸起两面无毛或稍被疏短毛。茎生叶3~5对，与基生叶相似但较小。

花　聚伞状圆锥花序顶生或腋生，具花10余朵；苞片卵形，先端长尾状，边缘宽膜质，具睫毛，基部合生；花梗长3~6mm，果期延长。花萼筒状，无毛，具10纵脉，先端脉网结，脉间白色膜质，果期膨大呈管状钟形。花瓣白色；瓣片开展，2中裂，裂片矩圆形；爪倒披针形，瓣片与爪间有2小鳞片。雄蕊10，5长，5短；子房矩圆状圆柱形，花柱3；雌雄蕊柄长约3mm，被短柔毛。

果实　蒴果宽卵形，包藏在花萼内，6齿裂；种子圆肾形，黄褐色，被条状细微凸起。

花果期　花期6—8月，果期7—8月。

生境　生于草原、草坡、林缘或固定沙丘。

分布　华北、东北地区。

经济价值　药用　根可入药，具有凉血、清虚热功效。

27. 石竹 *Dianthus chinensis* L.

俗名：丝叶石竹、蒙古石竹、北石竹、山竹子、大菊、瞿麦、蘧麦、三脉石竹、林生石竹、长苞石竹、辽东石竹、高山石竹、钻叶石竹、兴安石竹

石竹科 Caryophyllaceae　石竹属 *Dianthus* L.

习性 旱中生，多年生草本，高30~50cm，全株无毛，带粉绿色。

茎 茎常自基部簇生，直立，无毛，上部分枝。

叶 叶披针状条形或条形，先端渐尖，两面平滑无毛，粉绿色，下面中脉明显凸起。

花 花顶生，单一或2~3朵组成聚伞花序；花下有苞片2~3对，苞片卵形，长约为萼的一半，先端尾尖，边缘膜质，有睫毛；花萼圆筒形，具多数纵脉；萼齿披针形，先端锐尖，边缘膜质，具细睫毛；花瓣瓣片平展，卵状三角形，边缘有不整齐齿裂，通常红紫色、粉红色或白色，具长爪，爪长16~18mm，瓣片与爪间有斑纹与须毛；雄蕊10；子房矩圆形，花柱2。

果实 蒴果矩圆状圆筒形，与萼近等长，4齿裂；种子宽卵形，稍扁，灰黑色，边缘有狭翅，表面有短条状细凸起。

花果期 花果期6—9月。

生境 生于固定沙地、干山坡、草甸、碱性草原、渠边。

分布 我国各省份。

经济价值

药用　地上部分可入药，具有利尿通淋、破血通经功效。

环保　可作为庭院观赏植物。

28. 银柴胡 *Stellaria dichotoma* var. *lanceolata* Bunge

俗名：牛肚根、披针叶叉繁缕、披针叶繁缕、叉繁缕、叉歧繁缕

石竹科 Caryophyllaceae　繁缕属 *Stellaria* L.

习性　旱生，多年生草本，高20~60cm，圆球状草丛，密被短柔毛及多细胞腺毛。

根　主根粗长，圆柱状，外皮灰褐色，里面甘草黄色。

茎　茎丛生，圆柱形，多次二歧分枝，密被短糙毛。

叶　叶片披针形或条状披针形，先端渐尖，基部稍狭，边缘密生短糙毛，上面无毛或疏被微毛，下面特别是中脉上密被短柔毛。

花　聚伞花序顶生，二歧状，具多数花；花梗长短不等，密被短腺毛；苞片和小苞片叶状，较小；萼片5，长圆状披针形，先端渐尖，边缘狭膜质；花瓣5，白色，比萼片稍长，二裂至1/3处或中部，裂片长圆形；雄蕊10，长仅花瓣的1/3~1/2，；子房宽卵形或宽椭圆状倒卵形，花柱3，线状。

果实　蒴果宽卵形，长约3mm，比宿存萼短，六齿裂，常含1~3粒种子；种子卵圆形，褐黑色，微扁，径约1.5mm，表面具不明显的瘤状突起。

花果期　花期6—7月，果期7—8月。

生境　生于固定沙丘、沙地、向阳多石质山坡及山坡石缝。

分布　西北、华北及东北地区。

经济价值　药用　根可入药，具有清虚热、除疳热功效。

29. 芍药 *Paeonia lactiflora* Pall.

俗名：野芍药、土白芍、芍药花、山芍药、山赤芍、金芍药、将离、红芍药、含巴高、殿春、川白药、川白芍、赤药、赤芍药、赤芍、查那-其其格、草芍药、白药、白苕、白芍药、白芍、毛果芍药

芍药科 Paeoniaceae　芍药属 *Paeonia* L.

习性　旱中生，多年生草本，高50~70cm，稀达1m。

根　根圆柱形，长达50cm，粗达3cm，外皮紫褐色或棕褐色。

茎　茎圆柱形，无毛。

叶　茎下部的叶为二回三出复叶；小叶狭卵形、椭圆状披针形或狭椭圆形。叶柄圆柱形，淡绿色，略带红色，无毛。

花　花顶生并腋生；苞片3~5，披针形，绿色；萼片3~4，宽卵形，绿色，边缘带红色，背面被极疏毛或无毛，顶端圆形或长尾状骤尖，骤尖长约1cm；花瓣9~13，倒卵形，白色、粉红色或紫红色；雄蕊多数，花药黄色；花盘高约2mm，顶部边缘不整齐，带淡红色；心皮3~5，无毛或被毛，柱头淡紫红色。

果实　蓇葖果卵状圆锥形，先端变狭而成喙状；种子近球形，紫黑色或暗褐色，有光泽。

花果期　花期5—7月，果期7—8月。

生境　生于山坡、草地及林下。

分布　华北、东北地区及甘肃、陕西。

经济价值

药用　根可入药，具有止痛镇痉、祛瘀通经功效。

工业　种子含油量高，可作为化工原料。

30. 翠雀 *Delphinium grandiflorum* L.

俗名：大花飞燕草、鸽子花、摇嘴嘴花

毛茛科 Ranunculaceae　翠雀属 *Delphinium* L.

习性 旱中生，多年生草本，高20~65cm。

根 直根，暗褐色。

茎 茎直立，单一或分枝，全株被反曲的短柔毛。

叶 基生叶与茎下部叶具长柄，柄长达10cm，中上部叶柄较短，最上部叶近无柄；叶片圆肾形，掌状3全裂，裂片再细裂，小裂片条形。

花 总状花序具花3~15朵；花梗上部具2枚条形或钻形小苞片；萼片5，蓝色、紫蓝色或粉紫色，椭圆形或卵形，宽0.6~1cm，上萼片向后伸长成中空的距，距长1.7~2.3cm，钻形，末端稍向下弯曲，外面密被白色短毛；花瓣2，瓣片小，白色，基部有距，伸入萼距中；退化雄蕊2，瓣片蓝色，宽倒卵形，里面中部有一小撮黄色毛及鸡冠状凸起，基部有爪，爪具短凸起；雄蕊多数，花丝下部加宽，花药深蓝色及紫黑色。

果实 蓇葖果3，密被短毛，具宿存花柱；种子多数，四面体形，具膜质翅。

花果期 花期7—8月，果期8—9月。

生境 生于山地草坡或丘陵沙地。

分布 华北、东北地区。

经济价值 药用　全草可入药，具有泻火止痛、杀虫功效。

31. 展枝唐松草 *Thalictrum squarrosum* Steph. et Willd.

俗名：猫爪子、叉枝唐松草、歧序唐松草、坚唐松草

毛茛科 Ranunculaceae　唐松草属 *Thalictrum* L.

习性　中旱生，多年生草本，高0.1~1m。

根　须根发达，灰褐色。

茎　茎呈“之”字形曲折，常自中部二叉状分枝，分枝多，通常无毛。

叶　叶集生于茎下部和中部，近向上直展，为三至四回三出羽状复叶；具短柄，基部加宽呈膜质鞘状。小叶卵形、倒卵形或宽倒卵形，基部圆形或楔形，顶端通常具3个大牙齿或全缘；具短柄或近无柄，顶生小叶柄较长。

花　圆锥花序近二叉状分枝，呈伞房状；花梗长1.5~3cm，基部具披针形小苞；萼片4，淡黄绿色，稍带紫色，狭卵形，长3~5mm，宽1.2~2mm；无花瓣。雄蕊7~10；花丝细；花药条形，比花丝粗，先端渐尖。

果实　瘦果新月形或纺锤形，一面直，另一面呈“弓”形弯曲，两面稍扁，具8~12条凸起的弓形纵肋；果喙微弯。

花果期　花期7—8月，果期8—9月。

生境　生于草地、田边或干燥草坡。

分布　华北、东北地区及陕西。

经济价值　工业　叶含鞣质，可提制栲胶。

32. 瓦松 *Orostachys fimbriata*（Turcz.）A. Berger

俗名：瓦花、流苏瓦松

景天科 Crassulaceae　瓦松属 *Orostachys*（DC.）Fisch.

习性　旱生，二年生草本，高10~30cm。

植株　全株粉绿色，密生紫红色斑点。

叶　一年生莲座丛的叶短，叶匙状条形，先端有一个半圆形软骨质的附属物，边缘有流苏状牙齿，中央具1刺尖；第二年抽出花茎。茎生叶散生，无柄，条形至倒披针形，先端具刺尖头，基部叶早枯。

花　花序顶生，总状或圆锥状，有时下部分枝，呈塔形；花梗长达1cm；萼片5，狭卵形，先端尖，绿色；花瓣5，红色，干后常呈蓝紫色；花药紫色；鳞片5，近四方形；心皮5。

果实　蓇葖果矩圆形，长约5mm。

花果期　花期8—9月，果期10月。

生境　生于石质山坡、石质丘陵及沙质地。

分布　西北、华北地区及辽宁、黑龙江等。

经济价值　饲用　全株可作为饲料。
药用　全草可入药，具有止血、活血、敛疮功效。

33. 费菜 *Phedimus aizoon*（L.）'t Hart

俗名：土三七、三七景天、景天三七、养心草、兴安景天、宽叶费菜、乳毛费菜、狭叶费菜、兴安费菜

景天科 Crassulaceae　费菜属 *Phedimus* Raf.

习性

中生，多年生草本，高10~50cm，全体无毛。

根

根状茎短而粗。

茎

茎高20~50cm，具1~3条茎，少数茎丛生，直立，不分枝。

叶

叶互生，椭圆状披针形至倒披针形，先端渐尖或稍钝，基部楔形，边缘有不整齐的锯齿，几无梗。

花

聚伞花序顶生，分枝平展，多花，下托以苞叶；花近无梗；萼片5，条形，肉质，不等长，先端钝；花瓣5，黄色，矩圆形至圆状披针形，有短尖；雄蕊10，较花瓣短；鳞片5，近正方形；心皮5，卵状矩圆形，基部合生，腹面有囊状凸起。

果实

蓇葖果呈星芒状排列，有直喙；种子椭圆形。

花果期

花期6—8月，果期8—10月。

生境

生于草原地区砂砾质和石质山坡、草甸草原和固定沙丘灌丛。

分布

西北、华北及东北等地区。

经济价值

药用　全草可入药，具有活血止血、利湿消肿、解毒、宁心功效。

环保　可作为水土保持植物。

34. 扁核木 *Prinsepia uniflora* Batalin

俗名：茹茹、马茹、山桃、单花扁核木、蕤核、蕤李子、马茹刺

蔷薇科 Rosaceae　扁核木属 *Prinsepia* Royle

习性

中生，灌木。

枝叶

当年生枝灰绿色，老枝灰褐色，稍纵向剥裂，有腋生枝刺，刺长6~13mm，枝条的髓心呈片状。单叶互生，常簇生于短枝上，叶片条状矩圆形或条状倒披针形，先端近圆形，有短尖头，基部渐狭成柄，全缘或有浅细锯齿，上面暗绿色，下面灰绿色，中脉隆起，无毛。

花

花单生或2~3朵簇生；花梗长约6mm。萼筒杯状；萼片5，近半圆形，反折。花瓣宽倒卵形，白色；雄蕊10，花丝长约6mm；子房圆形，花柱侧生。

果实

核果球形，暗紫红色，有蜡粉；核宽卵形，两侧扁，有网纹。

花果期

花期6月，果期8月。

生境

生于海拔1000~2560m山坡、荒地、山谷或路旁等处。

分布

西北地区及内蒙古、山西等。

经济价值

食用　叶嫩尖可当蔬菜。
药用　种子可入药，具有清热明目功效。
工业　种子富含油脂，可作为化工原料。

35. 稠李 *Padus avium* Mill.

俗名：臭李子、臭耳子

蔷薇科 Rosaceae　稠李属 *Padus* Mill.

习性

中生，乔木，高5~8m。

树皮

树皮黑褐色，小枝无毛或被稀疏短柔毛；腋芽单生。

叶

单叶互生，叶片椭圆形、宽卵形或倒卵形，边缘有尖锐细锯齿；叶柄长6~15mm，无毛或被短柔毛，上端有2腺体；托叶条状披针形或条形，边缘有腺齿或细锯齿，早落。

花

总状花序疏松下垂，连总花梗长8~12cm；花梗纤细，无毛。萼筒杯状，外面无毛，里面有短柔毛；萼片近半圆形，边缘有细齿，两面无毛，花后反折。花瓣白色，宽倒卵形；雄蕊多数，比花瓣短一半。花柱顶生，无毛；子房椭圆形，无毛。

果实

核果近球形，黑色，无毛；果梗细长；果核宽卵形，表面有弯曲沟槽。

花果期

花期5—6月，果期8—9月。

生境

生于海拔880~2500m山坡、山谷或灌丛中。

分布

华北、东北地区及河南、山东等。

经济价值

食用　果实可生食。

药用　果实可入药，具有健脾、止泻功效。

用材　可作为建筑及制造业的木材原料。

工业　种子可榨油，树皮可提取栲胶，可作为工业及化工原料。

36. 地榆 *Sanguisorba officinalis* L.

俗名：一串红、山枣子、玉札、黄爪香、豚榆系

蔷薇科 Rosaceae　地榆属 *Sanguisorba* L.

习性 中生，多年生草本，高0.3~1.2m，全株光滑无毛。

根 根粗壮，圆柱形或纺锤形。

茎 茎直立，上部有分枝，有纵细棱和浅沟。

叶 单数羽状复叶，基生叶和茎下部叶有小叶9~15，连叶柄长10~20cm；小叶片卵形、椭圆形、矩圆状卵形或条状披针形，边缘具尖圆牙齿，基部有时具叶状小托叶1对。茎上部叶比基生叶小，有短柄或无柄，小叶数较少。

花 穗状花序顶生，多花密集，卵形、椭圆形、近球形或圆柱形，花由顶端向下逐渐开放；每花有苞片2，披针形，被短柔毛。萼筒暗紫色；萼片紫色，椭圆形，先端有短尖头。雄蕊与萼片近等长，花药黑紫色，花丝红色。子房卵形，被柔毛；花柱细长，紫色，长约1mm；柱头膨大，具乳头状突起。

果实 瘦果宽卵形或椭圆形，有4纵脊棱，被短柔毛，包于宿存的萼筒内。

花果期 花期7—8月，果期8—9月。

生境 生草原、草甸、山坡草地、灌丛中、疏林下。

分布 西北、东北地区及内蒙古、河北等。

经济价值 药用　根可入药，具有清热解毒、止血功效。

37. 龙牙草 *Agrimonia pilosa* Ledeb.

俗名：路边黄、仙鹤草、金顶龙芽、石打穿、毛脚茵、老鹳嘴、瓜香草

蔷薇科 Rosaceae　龙牙草属 *Agrimonia* L.

习性　中生，多年生草本，高30~60cm。

根　根茎横走地下，粗壮，具节，棕褐色，节上着生多数黑褐色的不定根。

茎　茎单生或丛生，直立，被开展长柔毛和微小腺点。

叶　不整齐单数羽状复叶；小叶近无柄，菱状倒卵形或倒卵状椭圆形，边缘常在1/3以上部分有粗圆齿状锯齿或缺刻状锯齿，叶柄被开展长柔毛和细腺点；托叶卵形或卵状披针形，边缘有粗锯齿或缺刻状齿，两面被开展长柔毛和细腺点。

花　总状花序顶生，被疏柔毛；苞片条状3裂，被柔毛，与花梗近等长或较长。萼筒倒圆锥形，外面有10条纵沟，被柔毛，顶部有钩状刺毛；萼片卵状三角形，与萼筒近等长。花瓣黄色，长椭圆形；雄蕊约10。雌蕊1，子房椭圆形，包在萼筒内；花柱2，伸出萼筒。

果实　瘦果椭圆形；果皮薄，包在宿存萼筒内，萼筒顶端有1圈钩状刺；种子1，扁球形。

花果期　花期6—7月，果期8—9月。

生境　生于海拔100~3800m溪边、路旁、草地、灌丛、林缘及疏林下。

分布　我国各省份。

经济价值
药用　全草可入药，具有收敛止血、益气补虚功效。
工业　全株含鞭质，可提取栲胶。

38. 毛樱桃 *Prunus tomentosa* Thunb.

俗名：樱桃、山豆子、梅桃、山樱桃、野樱桃、山樱桃梅

蔷薇科 Rosaceae　李属 *Prunus* L.

习性 中生，灌木，高1.5~3m。

树干 树皮片状剥裂，嫩枝密被短柔毛；腋芽常3个并生，中间是叶芽，两侧是花芽。

叶 单叶互生或簇生于短枝上，叶片倒卵形至椭圆形，边缘有不整齐锯齿，上面有皱纹，被短柔毛，下面被毡毛；叶柄长2~4mm，被短柔毛；托叶条状针形，条状分裂，边缘有腺锯齿。

花 花单生或2朵并生，与叶同时开放；花梗甚短，被短柔毛；花萼被短柔毛。萼筒钟状管形；萼片卵状三角形，边缘有细锯齿。花瓣白色或粉红色，宽倒卵形，先端圆形或微凹，基部有爪；雄蕊长6~7mm；子房密被短柔毛。

果实 核果近球形，直径约1cm，红色，稀白色；核近球形，稍扁，顶端有小尖头，表面平滑。

花果期 花期5月，果期7—8月。

生境 生于山坡林中、林缘、灌丛中或草地。

分布 西北、华北、东北地区及西藏、山东等。

经济价值

食用　果实微酸甜可做野果。

药用　种仁可入药，具有润肠利水功效。

工业　种仁含油率达43%左右，可作为化工原料。

39. 欧李 *Prunus humilis* Bunge

俗名：酸丁、乌拉奈

蔷薇科 Rosaceae　李属 *Prunus* L.

习性　中生，灌木，高0.4~1.5m。

树干　树皮灰褐色，小枝被短柔毛；腋芽3个并生，中间是叶芽，两侧是花芽。

叶　单叶互生，叶片矩圆状披针形至条状圆形，先端锐尖，基部楔形，边缘有细锯齿，两面均光滑无毛，有时下面沿叶脉被短柔毛；叶柄短；托叶条形，边缘有腺齿。

花　花单生或2朵簇生，直径约15mm，与叶同时开放；花梗长6~8mm，常被稀疏柔毛；花萼无毛或被疏柔毛。萼筒钟状，长约3mm；萼片卵形三角形，与萼筒近等长，先端锐尖，花后反折。花瓣白色或粉红色，倒卵形或椭圆形，长约6mm；雄蕊多数，比花瓣短，长短不一；花柱与子房均无毛。

果实　核果近球形，鲜红色，味酸；果核近卵形，顶端有尖头，表面平滑，有1~3条沟纹。

花果期　花期5月，果期7—8月。

生境　生于阳坡砂地、山地灌丛中。

分布　华北、东北地区及河南、山东。

经济价值

食用　果实味酸可食用。

药用　种仁可入药，具有利尿、缓下功效。

40. 山桃 *Prunus davidiana* (Carr.) Franch.

俗名：苦桃、陶古日、哲日勒格、野桃、山毛桃、桃花

蔷薇科 Rosaceae　李属 *Prunus* L.

习性　中生，乔木，高4~6m。

树皮　树皮光滑，暗红紫色，有光泽。

枝叶　嫩枝红紫色，无毛；芽3个并生。单叶互生，叶片披针形或椭圆状披针形，边缘有细锐锯齿，两面平滑无毛；叶柄纤细，无毛，稀具腺；托叶条形，先端渐尖，早落。

花　花单生，先叶开放；花梗极短，无毛。花萼无毛；萼筒钟形，暗紫红色；萼片矩圆状卵形，长约5mm，先端钝或稍尖，外面无毛。花瓣淡红色或白色，倒卵形或近圆形，先端圆钝或微凹，基部有短爪；雄蕊多数，长短不等，长者与花瓣近等长；子房密被柔毛，花柱顶生，细长。

果实　核果球形，先端有小尖头，密被短柔毛；果肉薄，干燥；果核矩圆状椭圆形，先端圆形，有弯曲沟槽。

花果期　花期4—5月，果期7月。

生境　生于山坡、山谷沟底或荒野疏林及灌丛。

分布　甘肃、陕西、山西、河北、四川、云南、河南及山东等。

经济价值
- 药用　种仁可入药，具有破血行瘀、润燥滑肠功效。
- 用材　材质硬而重，是制造业木材原料。
- 工业　种仁可榨油，可作为化工原料。
- 环保　抗旱耐寒、耐盐碱，可作为观赏树种。

41. 山杏 *Prunus sibirica* (L.) Lam.

俗名：西伯日-归勒斯、西伯利亚杏、野杏

蔷薇科 Rosaceae　李属 *Prunus* L.

习性 中生，灌木或小乔木，高2~5m。

枝叶 小枝灰褐色或淡红褐色，无毛或被疏柔毛。单叶互生，叶片宽卵形或近圆形，边缘有细钝锯齿，两面无毛或下面脉腋间有短柔毛；叶柄长2~3cm，有或无小腺体。

花 花单生，近无梗。萼筒钟状，萼片矩圆状圆形，先端钝，被短柔毛或无毛，花后反折。花瓣白色或粉红色，宽倒卵形或近圆形，先端圆形，基部有短爪；雄蕊多数，长短不一，比花瓣短。子房椭圆形，被短柔毛；花柱顶生，与雄蕊近等长，下部有时被短柔毛。

果实 核果近球形，两侧稍扁，黄色而带红晕，被短柔毛，果梗极短；果肉较薄而干燥，离核，成熟时开裂；核扁球形，表面平滑，腹棱增厚有纵沟，沟的边缘形成2条平行的锐棱，背棱翅状突出，边缘极锐利如刀刃状。

花果期 花期3—5月，果期6—8月。

生境 生于干燥向阳山坡上、丘陵草原。

分布 华北、东北地区及甘肃。

经济价值

药用　种仁可入药具有去痰、止咳、定喘、润肠功效。

种质　耐寒、抗旱，可作为选育耐寒品种的优良原始材料。

42. 山刺玫 *Rosa davurica* Pall.

俗名：刺玫果、刺玫蔷薇、墙花刺、黄刺玫

蔷薇科 Rosaceae　蔷薇属 *Rosa* L.

习性　中生，灌木，高1~2m。

枝叶　多分枝，枝通常暗紫色，无毛，在叶柄基部有向下弯曲的成对的皮刺。单数羽状复叶，小叶5~7（~9）；小叶片矩圆形或长圆形，先端锐尖或稍钝，基部近圆形，边缘有细锐锯齿，近基部全缘，上面绿色，近无毛，下面灰绿色，被短柔毛和粒状腺点；叶柄和叶轴被短柔毛、腺点和小皮刺；托叶大部分和叶柄合生，被短柔毛和腺点。

花　花常单生，有时数朵簇生；萼片披针状条形，先端长尾尖并稍宽，被短柔毛及腺毛；花瓣紫红色，宽倒卵形，先端微凹。

果实　蔷薇果近球形或卵形，直径1~1.5cm，红色，平滑无毛，顶端有直立宿存的萼片。

花果期　花期6—7月，果期8—9月。

生境　生于山坡阳处或杂木林边、丘陵草地。

分布　华北、东北等地区。

经济价值

食用　果含多种维生素，可食。

药用　果和根可入药，具有健脾胃、助消化止咳祛痰、止痢、止血功效。

工业　果含有鞣质，可作为工业原料。

43. 山荆子 *Malus baccata*（L.）Borkh.

俗名：山定子、林荆子、山丁子

蔷薇科Rosaceae　苹果属 *Malus* Mill.

习性 中生，乔木，树冠广圆形。

树皮 树皮灰褐色。

枝叶 枝红褐色或暗褐色，无毛；芽卵形，鳞片边缘微被毛，红褐色。叶片椭圆形、卵形，少卵状披针形或倒卵形，先端渐尖或尾状渐尖，稀锐尖，基部楔形或圆形，边缘有细锯齿，幼时沿叶脉稍被毛或无毛；叶柄长1~4.5cm，无毛；托叶披针形，早落。

花 伞形花序或伞房花序，有花4~8朵；花梗长1.5~4cm，无毛；花直径3~3.5cm；萼片披针形外面无毛，里面被毛；花瓣卵形、倒卵形或椭圆形，基部有短爪，白色；雄蕊15~20，长短不齐，比花瓣短约一半；花柱5（~4），基部合生，有柔毛，比雄蕊长。

果实 果实近球形，直径8~10mm，红色或黄色，花萼早落。

花果期 花期5月，果期9月。

生境 生于山坡杂木林中及山谷阴处灌木丛中。

分布 华北、东北地区及甘肃、陕西、山东。

经济价值

栽培　北方地区常做嫁接果树的砧木。

食用　果实可酿酒、制果酱。

44. 委陵菜 *Potentilla chinensis* Ser.

俗名：萎陵菜、天青地白、五虎噙血、扑地虎、生血丹、一白草

蔷薇科 Rosaceae　委陵菜属 *Potentilla* L.

习性 中旱生，多年生草本，高20~50cm。

根 根圆柱状，木质化，黑褐色。

茎 茎直立或斜升，被短柔毛及开展的绢状长柔毛。

叶 单数羽状复叶。基生叶丛生，有小叶11~25，小叶狭长椭圆形或椭圆形，羽状中裂或深裂，每侧有2~10个裂片，裂片三角状卵形或三角状披针形，边缘向下反卷。茎生叶较小，叶柄较短或无柄，小叶较少，叶柄被长柔毛。基生叶托叶与叶柄合生，呈鞘状而抱茎，两侧上端呈披针形而分离；茎生叶托叶草质，卵状披针形，先端渐尖，全缘或分裂。

花 伞房状聚伞花序，有多数花，较紧密。花梗长5~10mm，与总花梗都有短柔毛和长柔毛。花萼两面均被柔毛；副萼片条状披针形或条形；萼片卵状披针形，较大；花托被长柔毛。花瓣黄色，宽倒卵形；花柱近顶生。

果实 瘦果肾状卵形，稍有皱纹。

花果期 花果期7—9月。

生境 生于山坡草地、沟谷、林缘、灌丛或疏林下。

分布 华北、东北地区及甘肃、陕西、西藏等。

经济价值

饲用　嫩苗可作为饲料。

药用　全草可入药，具有清热解毒、止血、止痢功效。

工业　根含鞣质可提制栲胶，作为工业原料。

45. 蕨麻 *Potentilla anserina* L.

俗名：鹅绒委陵菜、莲花菜、延寿草、人参果、无毛蕨麻、灰叶蕨麻

蔷薇科 Rosaceae　委陵菜属 *Potentilla* L.

习性 中生，多年生草本。

根 根木质，圆柱形，黑褐色。

茎 根状茎粗短，包被棕褐色托叶。茎匍匐，节上生不定根、叶与花。

叶 基生叶多数，为不整齐的单数羽状复叶；小叶矩圆形、圆形或倒卵形，边缘有缺刻状锐锯齿，上面无毛或被稀疏柔毛，无柄；极小的小叶片披针形或卵形；托叶膜质，黄棕色，矩圆形，先端钝圆，下半部与叶柄合生。

花 花单生于匍匐茎上的叶腋间；花梗纤细，长达10cm，被长柔毛。花萼被绢状长柔毛；副萼片矩圆形，先端2~3裂或不分裂；萼片卵形，与副萼片等长或较短，先端锐尖；花托内部被柔毛。花瓣黄色，宽倒卵形或近圆形，先端圆形；花柱侧生，棍棒状，长约2mm。

果实 瘦果近肾形，稍扁，褐色表面微有皱纹。

花果期 花果期5—9月。

生境 生于河岸、路边、山坡草地及草甸。

分布 西北、华北、东北地区及西藏、四川、云南。

经济价值

饲用　茎叶可作饲料。

蜜源　能吸引蜜蜂传花粉采花蜜。

药用　全草可入药，具有凉血、止血功效。

工业　根含鞣质，可提制栲胶；茎叶可提取黄色染料，作为工业原料。

46. 草木樨 *Melilotus officinalis*（L.）Pall.

俗名：黄花草木樨、马层子、臭苜蓿

豆科 Fabaceae　草木樨属 *Melilotus*（L.）Mill.

习性　旱中生，二年生草本，高0.4~2.5m。

茎　茎直立，粗壮，多分枝，光滑无毛。

叶　叶为羽状三出复叶：托叶条状披针形，基部无齿裂，稀有靠近下部叶的托叶基部具1或2齿裂；小叶倒卵形、矩圆形或倒披针形，先端钝，基部楔形或近圆形，边缘有不整齐的疏锯齿。

花　总状花序细长，腋生，有多数花；花萼钟状，萼齿5，三角状披针形，近等长，稍短于萼筒。花黄色；旗瓣椭圆形，先端圆或微凹，基部楔形；翼瓣比旗瓣短，与龙骨瓣略等长。子房卵状矩圆形，无柄，花柱细长。

果实　荚果小，近球形或卵形，成熟时近黑色，表面具网纹，含种子1粒；种子近圆形或椭圆形，稍扁。

花果期　花期6—8月，果期7—10月。

生境　生于山坡、河岸、路旁、砂质草地及林缘。

分布　东北、西南及华南地区。

经济价值　饲用　为常见的牧草。

47. 刺果甘草 *Glycyrrhiza pallidiflora* Maxim.

俗名：马狼秆、胡苍耳、扁苍耳、臭甘草、臭稞稞子、山大料、头序甘草

豆科 Fabaceae　甘草属 *Glycyrrhiza* L.

习性

中旱生，多年生草本，高1m左右。

茎

茎直立，基部木质化。

枝叶

枝具棱，有鳞片状腺体。单数羽状复叶，具小叶9~15；托叶披针形或长三角形，渐尖；小叶圆形、菱状圆形或椭圆状披针形，先端渐尖，基部近楔形，全缘，两面密被小腺点。

花

总状花序腋生，花多数，密集呈长圆形；花萼钟状，萼齿5，其中2萼齿较短。花淡蓝紫色；旗瓣矩圆状卵形或近椭圆形；翼瓣稍呈半月形弯曲，具耳和爪；龙骨瓣近椭圆形，亦具耳及爪。子房有毛。

果实

荚果卵形或椭圆形，黄褐色，密被细长刺，刺长3~5mm，通常含种子2粒，荚果密集呈椭圆形或矩圆状果序。

花果期

花期7—8月，果期8—9月。

生境

生于河滩地、岸边、田野、路旁。

分布

华北、东北地区。

经济价值

环保　茎叶作绿肥可改良土壤。

48. 甘草 *Glycyrrhiza uralensis* Fisch.

俗名：甜根子、甜草、国老、乌拉尔甘草、甘草苗头、甜草苗

豆科 Fabaceae　甘草属 *Glycyrrhiza* L.

习性　中旱生，多年生草本；高0.3~1.2m。

根　具粗壮的根状茎，向四周生出地下匐枝。主根圆柱形，粗而长，可达1-2m或更长，伸入地中，根皮红褐色至暗褐色，有不规则的纵皱及沟纹，有甜味。

叶　单数羽状复叶，具小叶7~17；叶轴被细短毛及腺体；托叶小，长三角形、披针形或披针状锥形，早落；小叶卵形、倒卵形、近圆形或椭圆形，全缘，两面密被短毛及腺体。

花　总状花序腋生；花梗甚短；苞片披针形或条状披针形；花萼筒状，密被短毛及腺点，裂片披针形。花淡蓝紫色或紫红色；旗瓣椭圆形或近矩圆形，顶端钝圆，基部渐狭成短爪。子房无柄，矩圆形，具腺状凸起。

果实　荚果条状矩圆形、镰刀形或弯曲呈环状，密被短毛及褐色刺状腺体，刺长1~2mm，含种子2~8粒；种子扁圆形或肾形，黑色，光滑。

花果期　花期6—7月，果期7—9月。

生境　生于干旱沙地、河岸砂质地、山坡草地及盐渍地。

分布　西北、华北及东北地区。

经济价值
- 药用　根茎可入药，具有润肺、止咳、解毒功效。
- 环保　可作为水土保持植物。

49. 红花山竹子 *Corethrodendron multijugum* (Maxim.) B. H. Choi & H. Ohashi

俗名：红花岩黄芪、红花羊柴

豆科 Fabaceae　羊柴属 *Corethrodendron* Fisch. & Basiner

习性

中旱生，半灌木或仅基部木质化而呈草本状，高40~80cm。

茎

茎下部木质化，具纵沟纹，一年生枝密被短柔毛。

叶

单数羽状复叶，具小叶 21~41；托叶卵状披针形，下部连合，上部分离，外面有毛；叶轴有沟槽；叶柄甚短，密被短柔毛；小叶卵形、椭圆形或倒卵形，先端钝或微凹，基部近圆形，上面无毛，密布小斑点，下面密被平伏短柔毛。

花

总状花序腋生，连总花梗长10~35cm，长于叶，具花9~25朵，稀疏；花萼钟状，萼齿短于萼筒，外面被平伏的短柔毛。花冠红紫色，有黄色斑点；旗瓣倒卵形，顶端微凹，爪短；翼瓣狭，耳与爪近等长；龙骨较旗瓣稍短或近等长，爪为瓣片的 1/2。

果实

荚果扁平，有2~3荚节；荚节斜圆形，长宽均为4mm，表面有横肋纹和柔毛，中部常有1~3极小针刺或边缘有刺毛。

花果期

花期6—7月，果期8—9月。

生境

生于荒漠或草原地区的砾石质洪积扇、河滩及干燥山坡。

分布

西北地区及内蒙古、山西、西藏、四川、河南、湖北。

经济价值

环保　可作为水土保持植物。

50. 胡枝子 *Lespedeza bicolor* Turcz.

俗名：随军茶、萩、横条、横笆子、扫条

豆科 Fabaceae　胡枝子属 *Lespedeza* Michx.

习性　中生，灌木，高1~3m。

枝叶　老枝灰褐色；嫩枝黄褐色或绿褐色，有细棱并疏被短柔毛。羽状三出复叶，互生；托叶2，条形，褐色；顶生小叶较大，宽椭圆形、倒卵状椭圆形、矩圆形或卵形；侧生小叶较小，具短柄。

花　总状花序腋生，全部为顶生圆锥花序；总花梗较叶长；花梗被毛；小苞片矩圆形或卵状披针形，钝头，多少锐尖，棕色，被毛；花萼杯状，紫褐色，被白色平伏柔毛，萼片披针形或卵状披针形，与萼筒近等长。花冠紫红色；旗瓣倒卵形，顶端圆形或微凹，基部有短爪；翼瓣矩圆形，顶端钝，有爪和短耳；龙骨瓣与旗瓣等长或稍长，顶端钝或近圆形，有爪。子房条形，被毛。

果实　荚果卵形，两面微凸，顶端有短尖，基部有柄，网脉明显，疏或密被柔毛。

花果期　花期7—8月，果期9—10月。

生境　生于山坡、林缘、路旁、灌丛及杂木林间。

分布　华北、东北地区及甘肃、陕西等。

经济价值　
工业　种子可榨油，作为化工原料。
环保　本种耐旱，可作为水土保持植物。

51. 苦参 *Sophora flavescens* Alt.

俗名：野槐、山槐、白茎地骨、地槐、牛参、好汉拔、苦参麻

豆科 Fabaceae　苦参属 *Sophora* L.

习性

中旱生，草本或亚灌木，稀呈灌木状，高1~3m。

根

根圆柱状，外皮浅棕黄色。

茎

茎直立，多分枝，具不规则的纵沟，幼枝被疏柔毛。单数羽状复叶，具小叶11~19；托叶条形；小叶卵状矩圆形、披针形或狭卵形，稀椭圆形，全缘或具微波状缘，上面暗绿色，无毛，下面苍绿色，疏生柔毛。

叶

单数羽状复叶，具小叶11~19；托叶条形；小叶卵状矩圆形、披针形或狭卵形。

花

总状花序顶生；花梗细，有毛；苞片条形；花萼钟状，稍偏斜，疏生短柔毛或近无毛，顶端有短三角状微齿。花冠淡黄色；旗瓣匙形，比其他花瓣稍长；翼瓣无耳。雄蕊10，离生；子房筒状。

果实

荚果条形，于种子间微缢缩，呈不明显的串珠状，疏生柔毛，含种子3~7粒；种子近球形，棕褐色。

花果期

花期6—7月，果期8—10月。

生境

生于山坡、沙地草坡灌木林中或田野附近。

分布

我国各省份。

经济价值

药用　根可入药，具有清热利湿、清热解毒、健胃驱虫功效。

工业　茎皮含纤维，可作为纺织工业原料。

52. 少花米口袋 *Gueldenstaedtia verna* (Georgi) Boriss.

俗名：洱源米口袋、地丁多花米口袋、紫花地丁、米布袋、长柄米口袋、川滇米口袋、光滑米口袋、甘肃米口袋、细瘦米口袋、大根地丁、小米口袋、白花川滇米口袋、少花米口袋

豆科 Fabaceae　米口袋属 *Gueldenstaedtia* Fisch.

习性　旱生，多年生草本，高10~20cm，全株被白色长柔毛，果期后毛渐稀少。

根　主根圆锥形，粗壮，不分枝或少分枝。

茎　茎短缩，在根颈上丛生。单数羽状复叶；托叶卵形、卵状三角形至披针形，基部与叶柄合生，外面被长柔毛；小叶长卵形至披针形，全缘。

花　总花梗数个自叶丛间抽出，花期之初较叶长，后则约与叶等长；伞形花序，具花2~4朵；花梗极短或近无梗；苞片及小苞片披针形至条形；花萼钟状，密被长柔毛。花蓝紫色或紫红色；旗瓣宽卵形，顶端微凹，基部渐狭成爪；翼瓣矩圆形，较旗瓣短，上端稍宽，具斜截头，基部有爪；龙骨瓣长5~6mm。子房密被柔毛，花柱顶端卷曲。

果实　荚果圆筒状，1室，被长柔毛；种子肾形，具浅的蜂窝状凹点，有光泽。

花果期　花期5月，果期6—7月。

生境　生于山坡、路旁、田边等。

分布　华北、东北、华东地区及甘肃、陕西等。

经济价值　药用　全草可入药，具有清热解毒、凉血消肿功效。

53. 披针叶野决明 *Thermopsis lanceolata* R. Br.

俗名：牧马豆、披针叶黄华、东方野决明

豆科 Fabaceae　野决明属 *Thermopsis* R. Br.

习性 中旱生，多年生草本，高10~40cm。

根 主根深长。

茎 茎直立，有分枝，被平伏或稍开展的白色柔毛。

叶 掌状三出复叶，具小叶3；叶柄长4~8mm；托叶2，卵状披针形，叶状，先端锐尖，基部稍连合，背面被平伏长柔毛；小叶矩圆状椭圆形或倒披针形，先端通常反折，基部渐狭，上面无毛，下面疏被平伏长柔毛。

花 总状花序长5~10cm，顶生，花于花序轴每节3~7朵轮生；苞片卵形或卵状披针形；花梗长 2~5mm；花萼钟状，萼齿披针形，被柔毛。花冠黄色；旗瓣近圆形先端凹入，基部渐狭成爪；翼瓣与龙骨瓣比旗瓣短，有耳和爪。子房被毛。

果实 荚果条形，扁平，疏被平伏的短柔毛，沿缝线有长柔毛。

花果期 花期5—7月，果期7—10月。

生境 生于草原沙丘、河岸和砾滩。

分布 西北、华北地区。

经济价值 药用　全草可入药，具有祛痰止咳功效。

54. 山野豌豆 *Vicia amoena* Fisch. ex DC.

俗名：豆豌豌、落豆秧、白花山野豌豆、绢毛山野豌豆、山黑豆、透骨草

豆科 Fabaceae　野豌豆属 *Vicia* L.

习性　中生，多年生草本，高0.3~1m，植株被疏柔毛，稀近无毛。

根　主根粗壮。

茎　茎攀援或直立，具四棱，疏生柔毛或近无毛。

叶　双数羽状复叶，互生；叶轴末端成分枝或单一的卷须，托叶大，2或3裂呈半边戟形或半边箭头形，有毛；小叶椭圆形或矩圆形，全缘。

花　总状花序腋生；总花梗通常超出叶，具10~20朵花；花萼钟状，有毛。花梗有毛；花红紫色或蓝紫色；旗瓣倒卵形，顶端微凹；翼瓣与旗瓣近等长；龙骨瓣稍短于翼瓣，顶端渐狭，略呈三角形。子房有柄，花柱急弯，上部周围有毛，柱头头状。

果实　荚果矩圆状菱形，无毛，含种子2~4粒；种子圆形，黑色。

花果期　花期6—7月，果期7—8月。

生境　生于草甸、山坡、灌丛或杂木林中。

分布　产西北、华北、东北地区及河南、山东等。

经济价值

- 饲用　茎叶柔嫩，可作为牲畜饲料。
- 蜜源　花期长，色彩艳丽，能吸引蜜蜂传花粉采花蜜。
- 药用　全草可入药，具有祛湿、清热解毒功效。
- 环保　本种繁殖快，再生力强，可作为观赏和水土保持植物。

55. 歪头菜 *Vicia unijuga* A. Br.

俗名：豆叶菜、偏头草、鲜豆苗、山豌豆、豆苗菜、三叶、草豆

豆科 Fabaceae　野豌豆属 *Vicia* L.

习性 中生，多年生草本，高0.2~1.8m。

根 根状茎粗壮，近木质。

茎 茎直立，常数茎丛生，有棱，无毛或疏生柔毛。

叶 双数羽状复叶，具小叶2；托叶半边箭头形，具1至数个齿裂，稀近无齿；小叶卵形或椭圆形，全缘，叶脉明显，呈密网状。

花 总状花序腋生或顶生，比叶长，具花15~25朵；总花梗疏生柔毛；小苞片短，披针状锥形；花萼钟形或筒状钟形，疏生柔毛。花蓝紫色或淡紫色；旗瓣倒卵形，顶端微凹，中部微缢缩，比翼瓣长；翼瓣比龙骨瓣长。子房无毛，花柱急弯，上部周围有毛，柱头头状。

果实 荚果扁平，矩圆形，两端尖，无毛，含种子1~5粒；种子扁圆形，褐色。

花果期 花期6—7月，果期8—9月。

生境 生于山地、林缘、草地、沟边及灌丛。

分布 华北、东北、西南及华东地区。

经济价值

饲用　本种为优良牧草，牲畜喜食。

药用　全草可入药，具有补虚、调肝、理气、止痛功效。

环保　本种生长旺盛，广布荒草坡，可作为水土保持植物。

56. 小叶锦鸡儿 *Caragana microphylla* Lam.

俗名：灰毛小叶锦鸡儿、柠条、连针

豆科 Fabaceae　锦鸡儿属 *Caragana* Fabr.

习性 旱生，灌木，高1~2m。

树皮 树皮灰黄色或黄白色。

枝叶 小枝黄白色至黄褐色，直伸或弯曲，具条棱，幼时被短柔毛。长枝上的托叶宿存硬化成针刺，常稍弯曲；羽状复叶有5~10对小叶；托叶长1.5~5cm，脱落；小叶倒卵形或倒卵状长圆形，先端圆或钝，具短刺尖，幼时被短柔毛。

花 花单生；花梗长10~20mm，密被绢状短柔毛；花萼钟形或管状钟形，基部偏斜，密被短柔毛，萼齿宽三角形，长约3mm，边缘密生短柔毛。花冠黄色；旗瓣近圆形，顶端微凹，基部有短爪；翼瓣爪长为瓣片的 1/2，耳短，圆齿状，长约为爪的 1/5；龙骨瓣顶端钝，爪约与瓣片等长，耳不明显。子房无毛或被毛。

果实 荚果圆筒形，深红褐色，无毛或被毛，顶端斜长渐尖。

花果期 花期5—6月，果期8—9月。

生境 生于固定、半固定沙地。

分布 产华北、东北地区及甘肃、陕西、山东。

经济价值
饲用　嫩枝叶可作饲料。
环保　枝条可做绿肥，也作为水土保持植物。

57. 鬼箭锦鸡儿 *Caragana jubata* (Pall.) Poir.

俗名：鬼见愁、浪麻、箭叶锦鸡儿、狼麻、特木根－斯古勒－哈日嘎纳

豆科 Fabaceae　锦鸡儿属 *Caragana* Fabr.

习性　中生，灌木，直立或伏地，高0.3~2m。

枝叶　茎直立或横卧，基部多分枝。羽状复叶，有小叶4–6对；叶轴长5~7cm，疏被柔毛，长枝与短枝上的均硬化成针刺状，宿存；小叶长圆形，长1.1~1.5cm，宽4~6mm，先端圆，具刺尖，两面被长柔毛。

花　花单生；花梗短，基部具关节；苞片条形；花萼钟状筒形，密被长柔毛，萼齿披针形。花冠玫红色、粉红色或粉白色；旗瓣宽倒卵形，向基部渐狭成爪；翼瓣矩圆形，上端稍宽或等宽，耳与爪近等长或稍短，翼瓣有时具双耳，上耳可长可短；龙骨瓣先端斜截而稍凹，爪与瓣片近等长，耳短三角形。子房密被长柔毛。

果实　荚果圆筒形，先端渐尖，密被长柔毛。

花果期　花期6—7月，果期8—9月。

生境　见于山坡、林缘。

分布　华北地区及新疆。

经济价值　环保　可作为水土保持植物。

58. 树锦鸡儿 *Caragana arborescens* Lam.

俗名：陶日格–哈日嘎纳、蒙古锦鸡儿

豆科 Fabaceae　锦鸡儿属 *Caragana* Fabr.

习性　中生，小乔木或大灌木，高2~6m。

树皮　树皮灰绿色，平滑而有光泽。

枝叶　小枝细弱，暗绿褐色，有棱，幼枝被伏柔毛。羽状复叶，有4~8对小叶；托叶三角状披针形，脱落，长枝上的托叶有时宿存并硬化成粗壮的针刺；叶轴细瘦，有沟，脱落；小叶8~14，羽状排列，矩圆状卵形、矩圆状倒卵形、宽椭圆形或长椭圆形。

花　花1朵或偶有2朵生于一花梗上；花梗簇生或单生，近上部具关节；花萼钟形，无毛，基部偏斜，萼齿三角形，边缘有睫毛。花黄色；旗瓣宽卵形，顶端钝，具短爪，与翼瓣及龙骨瓣近等长；翼瓣长椭圆形，爪长为瓣片的3/4，耳距状；龙骨瓣较旗瓣稍短，钝头，爪较瓣片稍短，耳三角状。子房圆筒形，无毛或被短柔毛。荚果圆筒形，稍扁，无毛；种子扁椭圆形，栗褐色至紫褐色，光亮。

花果期　花期5—6月，果期7—8月。

生境　生于林间、林缘。

分布　华北地区及新疆、甘肃、陕西、黑龙江。

经济价值

工业　种子含油率10%~14%，可作为化工原料。

环保　可作为观赏植物。

59. 野大豆 *Glycine soja* Siebold & Zucc.

俗名：乌豆、野黄豆、白花宽叶蔓豆、白花野大豆、(豆劳)豆、山黄豆、小落豆

豆科 Fabaceae　大豆属 *Glycine* Willd.

习性

湿中生，一年生缠绕草本。

茎

茎缠绕，细弱，疏生黄色长硬毛，长1~4m。

叶

羽状三出复叶；托叶卵状披针形；小托叶狭披针形，有毛；小叶薄纸质，卵形、卵状椭圆形或卵状披针形，全缘，两面有长硬毛。

花

总状花序腋生；苞片披针形；花萼钟状，密生长毛。花小，淡紫红色；旗瓣近圆形，顶端圆或微凹，基部有短爪；翼瓣歪倒卵形，有明显的耳；龙骨瓣较旗瓣及翼瓣短小。子房有毛。

果实

荚果矩圆形或稍弯呈近镰刀形，两侧稍扁，密被黄褐色长硬毛，种子间缢缩，含种子2~4粒；种子椭圆形，稍扁，黑色。

花果期

花期7—8月，果期8—10月。

生境

生于田边、园边、沟旁、河岸、湖边、沼泽、草甸、沿海和岛屿向阳的矮灌木丛或芦苇丛中。

分布

除新疆、青海、海南外的各省(自治区、直辖市)。

经济价值

饲用　全株为家畜喜食的饲料，可作牧草。

药用　全草可入药，具有补气血、健脾益肾、利尿功效。

工业　茎皮含纤维，种子含有油脂18%~22%，可作为纺织和化工原料。

环保　可作绿肥，也可作为水土保持植物。

60. 紫穗槐 *Amorpha fruticosa* L.

俗名：槐树、紫槐、棉槐、棉条、椒条

豆科 Fabaceae 紫穗槐属 *Amorpha* L.

习性 中生，灌木，丛生，高 1~2m。

树皮 树皮暗灰色，平滑。

枝叶 小枝灰褐色，有凸起的锈色皮孔，嫩枝密被短柔毛。叶互生，单数羽状复叶，具小叶11~25；托叶条形，先端渐尖；叶柄基部稍膨大，密被短柔毛；小叶卵状矩圆形、矩圆形或椭圆形，全缘，上面绿色，有短柔毛或近无毛，下面淡绿色，有长柔毛，沿中脉较密，并有黑褐色腺点。

花 花序集生于枝条上部，呈密集的圆锥状总状花序；花梗纤细，有毛；花萼钟状，密被短柔毛并有腺点，萼齿三角形，顶端钝或尖，有睫毛。花冠蓝紫色；旗瓣倒心形，包住雌雄蕊；无翼瓣和龙骨瓣。

果实 荚果弯曲，棕褐色，有瘤状腺点，顶端有小尖。

花果期 花期6—7月，果期8—9月。

生境 生于路旁、荒山坡、河岸及盐碱地。

分布 西北、华北、东北地区及山东等。

经济价值

饲用 枝叶可作家畜饲料。

工业 果实含芳香油，种子含油率10%，茎皮可提取栲胶，可作为化工原料。

环保 枝叶作绿肥，也可作为水土保持植物。

61. 牻牛儿苗 *Erodium stephanianum* Willd.

俗名：太阳花、鹌鹑嘴、鹌子嘴、长咀老鹳草、长嘴老鹳草、车车路、斗牛儿、勾链链、贯筋、红根根、赞－塔瓦格

牻牛儿苗科 Geraniaceae　牻牛儿苗属 *Erodium* L'Hér. ex Aiton

习性 旱中生，多年生草本，高通常15~50cm。

根 根直立，圆柱状。

茎 茎平铺地面或稍斜升，多分枝，具开展的长柔毛或有时近无毛。

叶 叶对生，二回羽状深裂，长卵形或矩圆状三角形，一回羽片4~7对，基部下延至中脉，小羽片条形，全缘或具1~3粗齿，两面具疏柔毛；叶柄长4~7cm，具开展长柔毛或近无毛；托叶条状披针形，渐尖，边缘膜质，被短柔毛。

花 伞形花序腋生，花序轴长5~15cm，通常有2~5朵花；花梗长2~3cm；萼片矩圆形或近椭圆形，具多数脉及长硬毛，先端具长芒；花瓣淡紫色或紫茶色，倒卵形，基部具白毛；子房被灰色长硬毛。

果实 蒴果，顶端有长喙，成熟时5个果瓣与中轴分离，喙部呈螺旋状卷曲。

花果期 花期6—8月，果期8—9月。

生境 生于干山坡、农田边、沙质河滩地和草原凹地等。

分布 西北、华北、东北地区及西藏、四川。

经济价值 药用　全草可入药，具有祛风除湿、清热解毒功效。

62. 鼠掌老鹳草 *Geranium sibiricum* L.

俗名：西伯利亚牻牛儿苗、鼠掌草

牻牛儿苗科 Geraniaceae　老鹳草属 *Geranium* L.

习性 中生，多年生草本，高0.2~1m。

根 根垂直，分枝或不分枝，圆锥状圆柱形。

茎 茎细长，伏卧或上部斜向上，多分枝，被倒生毛。

叶 叶对生，肾状五角形，基部宽心形，掌状5深裂，裂片倒卵形或狭倒卵形，上部羽状分裂或具齿状深缺刻，上部叶3深裂，叶片两面疏被伏毛，沿脉毛较密；基生叶及下部茎生叶有长柄，上部叶短柄，柄皆被倒生柔毛或伏毛。

花 花通常单生叶腋，花梗被倒生柔毛，近中部具2枚披针形苞片，果期向侧方弯曲；萼片卵状椭圆形或矩圆状披针形，具3脉，沿脉疏被柔毛，顶端具芒，边缘膜质；花瓣淡红色或近于白色，长近于萼片，基部微被毛；花丝基部扩大部分具缘毛；花柱合生部分极短，花柱分枝长约1mm。

果实 蒴果，被短柔毛；种子具细网状隆起。

花果期 花期6—8月，果期8—9月。

生境 生于林缘、疏灌丛、河谷草甸。

分布 西北、华北、东北、西南地区及湖北。

经济价值
饲用　全草可作牧草。
药用　全草可入药，具有祛风湿、活血通络、止泻痢功效。

63. 白刺 *Nitraria tangutorum* Bobrov

俗名：唐古特白刺、酸胖、大白刺

蒺藜科 Zygophyllaceae　白刺属 *Nitraria* L.

习性

旱生，灌木，高1~2m。

枝叶

多分枝，开展或平卧；小枝灰白色，先端常呈刺状。叶通常2~3枚簇生，倒卵形、宽倒披针形或长椭圆状匙形，顶端常圆钝，很少锐尖，全缘或不规则的2~3齿裂。

花

花序顶生，花较小果白刺稠密，黄白色，具短梗。

果实

核果卵形或椭圆形，熟时深红色，果汁玫瑰色；果核卵形，上部渐尖。

花果期

花期5—6月，果期7—8月。

生境

生于半荒漠和荒漠带的湖盆边缘、河流阶地、有风积沙的黏土地、盐化低洼地和古河床阶地。

分布

西北地区及内蒙古、西藏。

经济价值

食用　果实味酸甜，可食。

饲用　枝叶和果实可作饲料。

药用　果实可入药，具有健脾胃、滋补强壮、调经活血功效。

环保　本种能积沙而形成白刺沙堆，可作为防风固沙植物。

64. 骆驼蓬 *Peganum harmala* L.

俗名：臭古朵、臭骨朵

蒺藜科 Zygophyllaceae　骆驼蓬属 *Peganum* L.

习性 旱生，多年生草本。高30~70cm，无毛。

根 根多数，粗达2cm。

茎 茎直立或开展，由基部多分枝。

叶 叶互生，卵形，全裂为3~5条形或披针状条形裂片。

花 花单生，与叶对生；萼片稍长于花瓣，裂片条形，有时仅顶端分裂；花瓣黄白色，倒卵状矩圆形；雄蕊短于花瓣，花丝近基部增宽；子房3室，花柱3。

果实 蒴果近球形；种子三棱形，黑褐色，被小疣状凸起。

花果期 花期5—6月，果期7—9月。

生境 生于荒漠地带干旱草地、绿洲边缘轻盐渍化沙地、壤质低山坡或河谷沙丘。

分布 西北地区及内蒙古、西藏等。

经济价值

药用　全草可入药，具有祛风湿、解毒、杀虫功效。

工业　可榨油、染色，作为工业原料。

65. 白鲜 *Dictamnus dasycarpus* Turcz.

俗名：臭骨头、大茴香、臭哄哄、千斤拔、金雀儿椒、好汉拔、地羊鲜、羊蹄草、白藓皮、白羊鲜、白膻、山牡丹、八股牛

芸香科 Rutaceae　白鲜属 *Dictamnus* L.

习性

中生，多年生草本，高0.4~1m。

根

根肉质粗长，淡黄白色。

茎

茎直立，基部木质。叶常密集于茎的中部；小叶9~13，卵状披针形或矩圆状披针形，边缘有锯齿。

花

总状花序顶生；花大，淡红色或淡紫色，稀白色；萼片狭披针形，宿存，其背面有多数红色腺点；花瓣倒披针形，有红紫色脉纹，顶端有1红色腺点，基部狭长呈爪状，背面沿中脉两侧和边缘有腺点和柔毛；花丝细长伸出花瓣外，花丝上部密被黑紫色腺点，花药黄色，矩圆形；子房上位，倒卵圆形，5深裂，密被柔毛及腺点，子房柄密生长毛，花柱细长，表面密被短柔毛，柱头头状。

果实

蒴果成熟时5裂，裂瓣长约lcm，背面密被棕色腺点及白色柔毛，尖端具针刺状的喙，喙长约5mm；种子近球形，黑色，有光泽。

花果期

花期7月，果期8—9月。

生境

生于丘陵土坡、平地灌木丛中、草地、疏林下、石灰岩山地。

分布

西北、东北地区及内蒙古、河北等。

经济价值

药用　根皮可入药，具有祛风燥湿、清热解毒、杀虫止痒功效。

66. 远志 *Polygala tenuifolia* Willd.

俗名：红籽细草、神砂草、小草根、线儿茶、细草、小草、棘莞、要绕

远志科 Polygalaceae　远志属 *Polygala* L.

习性　旱生，多年生草本，高15~50cm。

根　根肥厚，圆柱形，直径2~8mm，长达10cm，外皮浅黄色或棕色。

茎　茎多数，较细，直立或斜升。

叶　叶近无柄，条形至条状披针形。

花　总状花序顶生或腋生；基部有苞片3，披针形，易脱落；花淡蓝紫色；花梗长4~6mm；萼片5，外侧3片小，绿色，披针形，内侧两片大，呈花瓣状，倒卵形，背面近中脉有宽的绿条纹，具长约1mm的爪；花瓣3，紫色，两侧花瓣长倒卵形，中央龙骨状花瓣长5~6mm，背部顶端具流苏状缨，其缨长约2mm；子房扁圆形或倒卵形，2室，花柱扁，上部明显弯曲，柱头2裂。

果实　蒴果扁圆形，先端微凹，边缘有狭翅，表面无毛；种子2粒，椭圆形，长约1.3mm，棕黑色，被白色茸毛。

花果期　花期7—8月，果期8—9月。

生境　生于草原、山坡草地、灌丛中以及杂木林下。

分布　产西北、华北、东北、华中地区及四川。

经济价值　药用　根皮可入药，具有益智安神、散郁化痰功效。

67. 地锦 *Euphorbia humifusa* Willd. ex Schltdl.

俗名：千根草、小虫儿卧单、血见愁草、草血竭、小红筋草、奶汁草、红丝草

大戟科 Euphorbiaceae　大戟属 *Euphorbia* L.

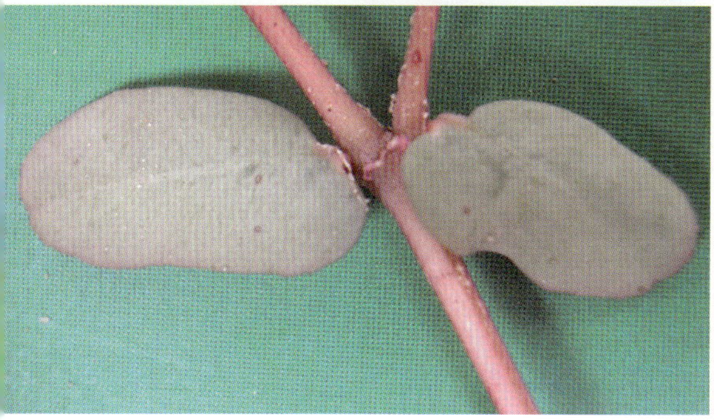

习性

中生，一年生草本，植株灰绿色，秋季变浅红色。

根

根径2~3mm。

茎

茎多分枝，纤细，平卧，长10~30cm，被柔毛或近光滑。

叶

单叶对生，矩圆形或倒卵状矩圆形，先端钝圆，基部偏斜，一侧半圆形，一侧楔形，边缘具细齿，两面无毛或疏被毛，绿色，秋后常带紫红色；托叶小，锥形，羽状细裂，无柄或近无柄。

花

杯状聚伞花序单生于叶腋，总苞倒圆锥形，边缘4浅裂，裂片三角形；腺体4，横矩圆形；子房3室，具3纵沟，花柱3，先端2裂。

果实

蒴果三棱状圆球形，无毛，光滑；种子卵形，略具3棱，褐色，外被白色蜡粉。

花果期

花期6—7月，果期8—9月。

生境

生于原野荒地、路旁、田间、沙丘、海滩、山坡等地。

分布

除海南外的各省（自治区、直辖市）。

经济价值

药用　全草可入药，具有清热利湿、凉血止血、解毒消肿功效。

68. 茶条槭 *Acer tataricum* subsp. *ginnala*（Maxim.）Wesmael

俗名：华北茶条槭、茶条、茶条枫

槭树科 Aceraceae　槭属 *Acer* L.

习性 中生，灌木或小乔木，高5~6m。

树皮 树皮粗糙，灰褐色。

枝叶 小枝细，光滑。单叶对生，具3裂片，卵状长椭圆形至卵形，边缘具粗锯齿，基部心形、圆形或截形，上面深绿，有光泽，下面淡绿色，沿脉被稀疏长柔毛，网脉显著隆起；叶柄长1.5~4cm，初有稀柔毛。

花 花黄白色，杂性同株，由多花排成伞房花序，顶生；花轴和花梗初被柔毛，后渐脱落；萼片5，矩圆形，边缘具柔毛；花瓣5，倒披针形；雄蕊8，着生于花盘内侧；子房密被长柔毛，花柱无毛，柱头2裂。

果实 小坚果被稀疏长柔毛，果翅常带红色，两翅几平行，两果开展度为锐角或更小。

花果期 花期6月上旬，果熟期9月。

生境 生于海拔800m以下的丛林中。

分布 华北、东北地区及甘肃、陕西、河南。

经济价值

药用　叶及芽可入药，具有清热明目功效。

用材　可作为制造业原料。

工业　种子含油约11.5%，可作为化工原料。

环保　本种抗风雪及烟害的能力较强，可作为水土保持和园林绿化植物。

69. 白杜 *Euonymus maackii* Rupr.

俗名：丝绵木、桃叶卫矛、明开夜合、丝棉木、华北卫矛

卫矛科 Celastraceae　卫矛属 *Euonymus* L.

习性

中生，小乔木，高5~7m。

树皮

树皮灰色，幼时光滑，老则浅纵裂。

枝叶

小枝细长，对生，圆筒形或微四棱形，无木栓质翅，光滑，绿色或灰绿色。叶对生，卵形、椭圆状卵形或椭圆状披针形，少近圆形，先端长渐尖，基部宽楔形，边缘具细锯齿，两面光滑无毛；叶柄长8~30mm。

花

聚伞花序由3~15朵花组成；总花梗长1~2cm；萼片4，近圆形，长约2mm；花瓣4，矩圆形，黄绿色；雄蕊4，花药紫色，花丝着生在肉质花盘上；子房上位，花柱单一。

果实

蒴果倒圆锥形，4浅裂，粉红或淡黄色；种子外被橘红色假种皮，上端有小孔，露出种子。

花果期

花期6月，果期8月。

生境

生于草原地区的固定沙丘、硬梁地、山坡和草地。

分布

东北地区及山西、内蒙古等。

经济价值

药用　根皮可入药，具有祛风湿、止痛功效。

用材　可作为制造业木材原料。

工业　种子含油，树皮、根皮含硬橡胶，可作为化工原料。

环保　可作为绿化观赏植物。

70. 文冠果 *Xanthoceras sorbifolium* Bunge

俗名：木瓜、文冠树

无患子科 Sapindaceae　文冠果属 *Xanthoceras* Bunge

习性 中生，灌木或小乔木，高2~5m。

树皮 树皮灰褐色。

枝叶 小枝粗壮，褐紫色，光滑或被短柔毛。单数羽状复叶，互生，小叶9~19，无柄，窄椭圆形至披针形，边缘具锐锯齿。

花 总状花序；萼片5，花瓣5，白色，内侧基部有由黄变紫红的斑纹；花盘5裂，裂片背面有1角状橙色的附属体，长为雄蕊之半；雄蕊8，长为花瓣之半；子房矩圆形，具短而粗的花柱。

果实 蒴果3~4室，每室含种子1~8粒；种子球形，黑褐色，径节1~1.5cm，种脐白色，种仁（种皮内有一棕色膜包着的）乳白色。

花果期 花期4—5月，果期7—8月。

生境 生于丘陵山坡等处。

分布 东北地区及甘肃、宁夏、内蒙古等。

经济价值

药用　木材及枝条可入药，具有祛风除湿、消肿止痛功效。

用材　木材棕褐色，坚硬致密，花纹美观，抗腐性强，可作为制造业木材原料。

工业　种仁含脂肪57.18%，可作为工业原料。

71. 酸枣 *Ziziphus jujuba* var. *spinosa*（Bunge）Hu ex H. F. Chow

俗名：山枣树、硬枣、角针、酸枣树、棘

鼠李科 Rhamnaceae　枣属 *Ziziphus* Mill.

习性

旱中生，灌木或小乔木。

枝叶

小枝弯曲呈“之”字形，紫褐色，具柔毛，有细长的刺。刺有两种：一种是狭长刺，有时可达3cm；另一种刺呈弯钩状。单叶互生，长椭圆状卵形至卵状披针形，先端钝或微尖，基部偏斜，有三出脉，边缘有钝锯齿，齿端具腺点，上面暗绿色，无毛，下面浅绿色，沿脉被柔毛；叶柄较短，被柔毛。

花

花黄绿色，2~3朵簇生于叶腋；花梗短；花萼5裂；花瓣5；雄蕊5，与花瓣对生，比花瓣稍长；具明显花盘。

果实

核果暗红色，后变黑色，卵形至长圆形，长0.7~1.5cm，具短梗，核顶端钝。

花果期

花期5—6月，果期9—10月。

生境

生于固定沙地、向阳山坡、平原丘陵和砾石荒地。

分布

西北、华北地区及辽宁、河南、山东等。

经济价值

食用　果实含有丰富的维生素C，可生食或制作果酱。

药用　种子可入药，具有镇定安神的功效。

蜜源　花芳香多蜜腺，能吸引蜜蜂传粉采蜜。

72. 蒙椴 *Tilia mongolica* Maxim.

俗名：小叶椴、白皮椴、刀茂特、导木-毛都

锦葵科 Malvaceae　椴属 *Tilia* L.

习性　中生，乔木。

树皮　树皮灰褐色，光滑，老时纵裂；有皮孔。

枝叶　幼枝及芽淡红褐色，光滑无毛。叶近圆形或宽卵形，边缘具不规则粗大锯齿，齿尖具刺芒，基部截形或浅心形，下面浅绿色，仅脉腋间簇生褐色毛；叶柄长2~4cm，无毛。

花　聚伞花序，下垂；苞片舌状，两面网脉明显，基部有时偏斜；具花（2~）4~30朵；萼片披针形，腹面下半部与边缘具长柔毛，背面无毛；花瓣条状披针形，与萼片等长，黄色；退化雄蕊条形；雄蕊多数，成5束；子房球形，直径2~3mm，密被银灰色茸毛，花托无毛，柱头膨大5深裂。

果实　果实椭圆形或卵圆形，先端凸尖，具明显的5棱，并有黄褐色密柔毛。

花果期　花期7—8月，果期8—9月。

生境　生于草原地区沙地的固定沙丘、沟边、向阳山坡。

分布　华北地区及河南等。

经济价值

药用　花可入药，具有发汗、解热功效。

用材　木材轻软，心材红褐色，边材黄白色，可作为建筑业木材。

工业　树皮含纤维，种子可榨油，可作为制造业、纺织工业、化工原料。

73. 苘麻 *Abutilon theophrasti* Medikus

俗名：苘、车轮草、磨盘草、桐麻、白麻、青麻、孔麻、塘麻、椿麻

锦葵科 Malvaceae　苘麻属 *Abutilon* Mill.

习性 中生，一年生半灌木状草本，高1~2m。

茎 茎直立，圆柱形，上部常分枝，密被柔毛及星状毛，下部毛较稀疏。

叶 叶圆心形，先端长渐尖，基部心形，边缘具细圆锯齿，两面密被星状柔毛；叶柄长4~15cm，被星状柔毛。

花 花单生于上部叶腋；花梗长1~3cm，近顶端有节；萼杯状，裂片5，卵形或椭圆形，顶端急尖；花冠黄色，花瓣倒卵形，顶端微缺，长约1cm；雄蕊筒短，平滑无毛；心皮15~20，排列成轮状，形成半球形果实，密被星状毛及粗毛，顶端变狭为芒尖。

果实 分果瓣15~20，成熟后变黑褐色，有粗毛，顶端有2长芒；种子肾形，褐色。

花果期 花果期7—9月。

生境 生于路旁、荒地和田野间。

分布 除西藏、青海、新疆、甘肃、四川、云南外各省（自治区、直辖市）。

经济价值

药用　种子可入药，具有利尿、催乳、润肠、通便功效。

工业　茎皮纤维色白，具光泽，种子含油量15%~16%，可作为纺织、化工等工业原料。

74. 野西瓜苗 *Hibiscus trionum* L.

俗名：火炮草、黑芝麻、小秋葵、灯笼花、香铃草

锦葵科 Malvaceae　木槿属 *Hibiscus* L.

习性　中生，一年生草本，高25~70cm。

根　高20~70cm。

茎　茎直立，或下部分枝铺散，高20~60cm，具白色星状粗毛。

叶　叶近圆形或宽卵形，掌状3~5全裂或深裂；叶柄长2~5cm，被星状毛；托叶狭披针形，边缘具硬毛。

花　花单生于叶腋；花柄长1~5cm，密生星状毛及叉状毛；花萼卵形，膜质，基部合生，先端5裂，淡绿色，有紫色脉纹，沿脉纹密生二至三叉状硬毛，裂片三角形，副萼片通常11~13，条形，边缘具长硬毛；花瓣5，淡黄色，基部紫红色，倒卵形；雄蕊筒紫色，无毛；子房5室，具胚珠多数，花柱顶端5裂。

果实　蒴果圆球形，被长硬毛，花萼宿存；种子黑色，肾形，表面具粗糙的小凸起。

花果期　花期6—9月，果期7—10月。

生境　生于平原、山野、丘陵或田埂。

分布　我国各省区。

经济价值　药用　全草可入药，具有清热解毒、祛风除湿、止咳功效。

75. 狼毒 *Stellera chamaejasme* L.

俗名：馒头花、燕子花、断肠草、火柴头花、狗蹄子花、瑞香狼毒

瑞香科 Thymelaeaceae　狼毒属 *Stellera* L.

习性 旱生，多年生草本，高20~50cm。

根 根粗大，木质，外包棕褐色。

茎 茎丛生，直立，不分枝，光滑无毛。

叶 叶较密生，椭圆状披针形，两面无毛。

花 顶生头状花序；花萼筒细瘦，下部常为紫色，具明显纵纹，顶端5裂，裂片近卵圆形，具紫红色网纹；雄蕊10，2轮，着生于萼喉部与萼筒中部，花丝极短；子房椭圆形，1室，上部密被淡黄色细毛，花柱极短，近头状；子房基部一侧有长约1mm矩圆形蜜腺。

果实 小坚果卵形，棕色，上半部被细毛；果皮膜质，为花萼管基部所包藏。

花果期 花期4—6月，果期7—9月。

生境 生于海拔2600~4200m的干燥而向阳的高山草坡、草坪或河滩地。

分布 西北、华北、东北及西南地区。

经济价值 药用　根可入药，具有祛痰、消积、止痛功效。

76. 沙枣 *Elaeagnus angustifolia* L.

俗名：给结格代、则给毛道、红豆、牙格达、银柳胡颓子、银柳、桂香柳、刺柳、香柳、七里香

胡颓子科 Elaeagnaceae　胡颓子属 *Elaeagnus* L.

习性　旱生，乔木或小乔木，高5~10m，无刺或具刺，刺长30~40mm，棕红色，发亮。

枝叶　幼枝被灰白色鳞片及星状毛；老枝栗褐色，具枝刺。叶矩圆状披针形至条状披针形，全缘；叶柄长0.5~1cm。

花　花银白色，通常1~3朵，生于小枝下部叶腋；花萼筒钟形，内面黄色，外面银白色，有香味，顶端通常4裂；两性花的柱基部被花盘所包围。

果实　果实矩圆状椭圆形或近圆形，初密被银白色鳞片，后渐脱落，熟时橙黄色、黄色或红色。

花果期　花期5—6月，果期9月。

生境　生于山地、平原、沙滩、荒漠。

分布　西北地区及内蒙古、河北、辽宁等。

经济价值

食用　富含淀粉、蛋白质、维生素，果实可食。

饲用　果实和叶可作牲畜饲料。

蜜源　能吸引蜜蜂传粉采蜜。

药用　果实、叶和花可入药，具有补虚、安神、健脾、止泻、清热解毒和止咳平喘等功效。

用材　木材坚韧细密，可作为制造业木材原料。

工业　花可提芳香油，可作为调香原料。

环保　根蘖性强，可作为水土保持植物。

77. 柳兰 *Chamerion angustifolium* (L.) Holub

俗名：糯芋、火烧兰、铁筷子

柳叶菜科 Onagraceae　柳叶菜属 *Epilobium* L.

习性　中生，多年草本，直立，丛生。

根　根粗壮，棕褐色，具粗根状茎。

茎　茎直立，高约1m，光滑无毛。

叶　叶互生，披针形，全缘或具稀疏腺齿。

花　总状花序顶生；花序轴幼嫩时密被短柔毛，老时渐稀或无；花梗长0.5~1.5cm，被短柔毛；花萼紫红色，裂片条状披针形，外面被短柔毛；花瓣倒卵形，紫红色，顶端钝圆，基部具短爪；雄蕊8，花丝4枚较长，基部加宽，被短柔毛，花药矩圆形；子房下位，密被毛，花柱比花丝长。

果实　蒴果圆柱状，略四棱形，具长柄，皆密被毛，种子顶端具一簇白色种缨。

花果期　花期7—8月，果期8—9月。

生境　生于我国北方山区半开旷或开旷较湿润草坡灌丛、火烧迹地、高山草甸、砾石坡。

分布　西北地区及内蒙古、吉林、黑龙江等。

经济价值

- 饲用　茎叶可作饲料。
- 蜜源　能吸引蜜蜂传粉采蜜。
- 药用　茎可入药，具有消炎止痛、活血化瘀功效。
- 工业　全草含鞣质，可制栲胶，作为工业原料。

78. 锁阳 *Cynomorium songaricum* Rupr.

俗名：羊锁不拉、地毛球、乌兰高腰、铁棒锤、锈铁棒

锁阳科 Cynomoriaceae　锁阳属 *Cynomorium* L.

习性 多年生肉质寄生草本，无叶绿素，全株红棕色，高0.2~1m，大部分埋于沙中。

根 寄主根上着生大小不等的锁阳芽体，近球形、椭圆形，具多数须根与鳞片状叶。

茎 茎圆柱状，直立，棕褐色。

叶 茎着生鳞片状叶，鳞片状叶卵状三角形，先端尖。

花 肉穗状花序生于茎顶，伸出地面，棒状矩圆形或狭椭圆形；雄花、雌花和两性花相伴杂生，有香气。雄花长3~6mm；花被片通常4，离生或合生，倒披针形或匙形，下部白色，上部紫红色；蜜腺近倒圆锥形；雄蕊1，花丝粗，深红色。雌花长约3mm；花被片5~6，条状披针形，子房下位，内含顶生下垂胚珠1枚。两性花少见。

果实 小坚果，近球形或椭圆形，顶端有宿存的浅黄色花柱，果皮白色；种子近球形，深红色，种皮坚硬而厚。

花果期 花期5—7月，果期6—7月。

生境 生于荒漠草原，草原化荒漠与荒漠地带的河边、湖边、池边等。

分布 西北地区及内蒙古等。

经济价值

药用　茎可入药，具有补肾、益精、润燥功效。

工业　肉质茎富含鞣质，可提炼栲胶，并含淀粉，可酿酒，作为工业原料。

79. 防风 *Saposhnikovia divaricate*（Turcz.）Schischk.

俗名：白毛草、白毛花、北防风、东防风、反风、关防风、旁风

伞形科 Apiaceae　防风属 *Saposhnikovia* Schischk.

习性　旱生，多年生草本，高30~80cm。

根　主根圆柱形，粗壮，外皮灰棕色。根状茎短圆柱形，外面密被棕褐色纤维状老叶残基。

茎　茎直立，二歧式多分枝，表面具细纵棱，稍呈“之”字形弯曲，圆柱形，节间实心。

叶　基生叶多数簇生，具长柄与叶鞘：叶片二至三回羽状深裂，披针形或卵状披针形；一回羽片具柄，3~5对，远离，卵形或卵状披针形：二回羽片无柄；最终裂片狭楔形，顶部常具2~3缺刻状齿；齿尖具小凸尖，两面淡灰蓝绿色，无毛。茎生叶与基生叶相似，但较小并简化、顶生叶柄几乎完全呈鞘状，具极简化的叶片或无叶片。

花　复伞形花序多数；伞辐6~10；通常无总苞片；小伞形花序直径5~12mm，具花4~10朵：花梗长2~5mm；小总苞片4~10，披针形，比花梗短；萼齿卵状三角形；花瓣白色；子房被小瘤状突起。

果实　双悬果狭圆形或椭圆形，幼时有疣状突起，成熟时渐平滑；胚乳腹面平坦。

花果期　花期7—8月，果期9月。

生境　生长于草原、丘陵、多砾石山坡。

分布　西北、东北地区及内蒙古、河北等。

经济价值　药用　根可入药，具有解表发汗、祛风止痛功效。

80. 红柴胡 *Bupleurum scorzonerifolium* Willd.

俗名：南柴胡、软苗柴胡、狭叶柴胡、软柴胡、香柴胡、少花红柴胡

伞形科 Apiaceae　柴胡属 *Bupleurum* L.

习性　旱生，多年生草本，高20~60cm。

根　主根长圆锥形，常红棕色。根状茎圆柱形，具横皱纹，不分枝，上部包被毛刷状叶鞘残留纤维。

茎　茎通常单一，直立，稍呈“之”字形弯曲，具纵细棱。

叶　基生叶与茎下部叶具长柄，叶片条形或披针状条形，先端长渐尖，基部渐狭，具脉5~7条，叶脉在下面凸起；茎中部与上部叶与基生叶相似，但无柄。复伞形花序顶生和腋生；伞辐6~15，长7~22mm，纤细；总苞片常不存在或1~5，大小极不相等，披针形、条形或鳞片状。

花　伞形花序，具花8~12朵；花梗长0.6~2.5mm，不等长；小总苞片通常5，披针形，先端渐尖，常具3脉；花瓣黄色。

果实　果近椭圆形；果棱钝；每棱槽中常具油管3条，合生面常具4条。

花果期　花期7—8月，果期8—9月。

生境　生于固定沙丘、平坦沙地、草甸、草原和向阳山坡。

分布　西北、华北、东北及华中地区。

经济价值　饲用　可作为各种牲畜的饲料。
药用　根及茎可入药，具有解表升阳、疏肝解郁功效。

81. 白麻 *Apocynum pictum* Schrenk

俗名：大叶白麻、大花罗布麻

夹竹桃科 Apocynaceae　罗布麻属 *Apocynum* L.

习性　中生，半灌木，高0.5~1m，具乳汁。

根　根状茎粗壮，棕褐色，具纵沟纹。

叶　叶硬纸质，常互生，条状披针形或条形，全缘；叶柄基部及腋间具腺体。

花　圆锥状聚伞花序顶生；花梗被糙硬毛；花萼5裂，裂片卵状三角形，密被糙硬毛。花冠辐状，粉红色，具紫色脉纹；花冠裂片5，宽三角形；花丝短，腹面密被微毛；花药箭头状，先端长渐尖，背部具凸起物，腹部黏生在柱头的基部，基部具耳。花盘肉质环状，5浅裂。雌蕊长3~4mm；柱头2裂，基部盘状；子房密被微毛。

果实　蓇葖果2，倒垂，圆筒状，长约20cm，直径约3mm；种子矩圆形，顶端具一簇白色绢质种毛。

花果期　花期6—7月，果期8—9月。

生境　生于盐碱荒地和河流两岸冲积地及湖泊田水周围。

分布　新疆、甘肃、青海等。

经济价值

蜜源　花较大，颜色鲜艳，腺体发达，能吸引蜜蜂传粉采蜜。

药用　全草可入药，具有清热泻火、平肝安神、利水消肿功效。

工业　茎皮含纤维，叶含胶量达4%~5%，可作为纺织业和工业原料。

82. 罗布麻 *Apocynum venetum* L.

俗名：茶叶花、野麻、红麻、半肚拉角、草夹竹桃、茶棵子、地里茶

夹竹桃科 Apocynaceae　罗布麻属 *Apocynum* L.

习性　中生，半灌木，高1~3m，具乳汁。

枝叶　枝条圆筒形，对生或互生，光滑无毛，紫红色或淡红色。单叶对生，分枝处的叶常为互生，椭圆状披针形至矩圆状卵形，边缘具细齿。

花　聚伞花序多生于枝顶；花梗被短柔毛；花萼5深裂，边缘膜质，两面被柔毛。花冠紫红色或粉红色，钟形。雄蕊5，着生于花冠筒基部，与副花冠裂片互生，花药箭头形；花柱短，柱头2裂。

果实　蓇葖2，平行或叉生，筷状圆筒形；种子多数，卵状矩圆形，顶端有一簇长1.5~2.5cm的白色绢毛。

花果期　花期6—7月，果期8月。

生境　生于盐碱荒地和沙漠边缘及河流两岸、冲积平原、河泊周围及戈壁荒滩上。

分布　西北地区及河北、内蒙古、辽宁、山东等。

经济价值

蜜源　花较大，颜色鲜艳，腺体发达，能吸引蜜蜂传粉采蜜。

药用　全草可入药，具有清热泻火、平肝安神、利水消肿功效。

工业　茎皮含纤维，叶含胶量达4%~5%，可作为纺织业和工业原料。

83. 打碗花 *Calystegia hederacea* Wall.

俗名：老母猪草、旋花苦蔓、扶子苗、扶苗、狗儿秧、小旋花、狗耳苗

旋花科 Convolvulaceae　打碗花属 *Calystegia* R.Br.

习性 中生，一年生草本，全体不被毛，植株通常矮小，高8~30cm。

根 具细长白色的根状茎。

茎 茎具细棱，通常由基部分枝。

叶 叶片三角状卵形、戟形或箭形，侧面裂片尖锐，近三角形，或2~3裂，中裂片矩圆形或矩圆状披针形，全缘，两面通常无毛。

花 花单生叶腋；花梗长于叶柄，有细棱；苞片宽卵形；花冠漏斗状，淡粉红色或淡紫色；雄蕊花丝基部扩大，有细鳞毛；子房无毛，柱头2裂，裂片矩圆形、扁平。

果实 蒴果卵圆形，微尖，光滑无毛。

花果期 花期7—9月，果期8—10月。

生境 生于农田、荒地、路旁。

分布 我国各省份。

经济价值 药用　根茎可入药，具有调经活血、清热利湿、续筋骨，止痛、健脾功效。

84. 菟丝子 *Cuscuta chinensis* Lam.

俗名：朱匣琼瓦、禅真、雷真子、无娘藤、无根藤、无叶藤、黄丝藤、鸡血藤、金丝藤、无根草、山麻子、豆阎王、龙须子、豆寄生

旋花科 Convolvulaceae　菟丝子属 *Cuscuta* L.

习性　一年生寄生草本。

茎　茎细，缠绕，黄色。无叶。

花　花多数，近于无总花序梗，形成簇生状；苞片2，与小苞片均呈鳞片状；花萼杯状，中部以下连合，长约2mm，先端5裂，裂片卵圆形或矩圆形；花冠白色，壶状或钟状，长为花萼的2倍，先端5裂，裂片向外反曲，具龙骨状凸起，宿存。雄蕊花丝短；鳞片近矩圆形，边缘流苏状。子房近球形；花柱2，直立；柱头头状，宿存。

果实　蒴果近球形，稍扁，成熟时被宿存花冠全部包住，盖裂；种子2~4，淡褐色，表面粗糙。

花果期　花期7—8月，果期8—10月。

生境　生于田边、山坡阳处、路边灌丛或海边沙丘。

分布　西北、东北地区及内蒙古、山西等。

经济价值　药用　种子可入药，具有补肝肾、益精、明目、安胎、止泻功效。

85. 黄芩 *Scutellaria baicalensis* Georgi

俗名：香水水草、黄筋子、黄芩茶

唇形科 Lamiaceae　黄芩属 *Scutellaria* L.

习性 中旱生，多年生草本，高20~35cm。

根 主根粗壮，圆锥形。

茎 茎直立或斜升，被稀疏短柔毛，多分枝。

叶 叶披针形或条状披针形，全缘。

花 花序顶生，总状，常偏一侧；花梗长约3mm，与花序轴被短柔毛；苞片向上渐变小，披针形，具稀疏睫毛；果期花萼长达6mm，盾片高约4mm。花冠紫色、紫红色或蓝色，外面被具腺短柔毛。冠筒基部膝曲，里面在此处被短柔毛。冠檐二唇形：上唇盔状，先端微裂，里面被短柔毛；下唇3裂，中裂片近圆形，两侧裂片向上唇靠拢，矩圆形。雄蕊稍伸出花冠：花丝扁平，后对花丝中部被短柔毛。花盘环状，子房4裂，光滑，褐色。

果实 小坚果卵圆形，具瘤，腹部近基部具果脐。

花果期 花期7—8月，果期8—9月。

生境 生于向阳草坡地、撂荒地上。

分布 华北、东北地区及甘肃、陕西、河南等。

经济价值 药用　根可入药，具有清热燥湿、泻火解毒、止血、安胎功效；也可作农药，能防治棉铃虫、梨象鼻虫、天幕毛虫、苹果巢虫。

86. 荆条 *Vitex negundo* var. *heterophylla* (Franch.) Rehder

俗名：荆楳、黄荆条

唇形科 Lamiaceae　牡荆属 *Vitex* L.

习性　中旱生，灌木，高1~2m。

枝叶　幼枝四方形，老枝圆筒形，幼时有微柔毛。掌状复叶，具小叶5，有时3，矩圆状卵形至披针形，先端渐尖，基部楔形，边缘有缺刻状锯齿，浅裂或羽状深裂，上面绿色光滑，下面有灰色绒毛，叶柄长1.5~5cm。

花　顶生圆锥花序；花小，蓝紫色，具短梗；花冠二唇形；花萼钟状，长约2mm，先端具5齿，外被柔毛；雄蕊4，二强，伸出花冠；子房上位，4室，柱头顶端2裂。

果实　核果，包于宿存花萼内。

花果期　花期7—8月，果期9月。

生境　生于山坡路旁。

分布　华北地区及甘肃、陕西、辽宁等。

经济价值

药用　全株可入药，具有清热化痰、止咳平喘、理气止痛功效。

工业　茎皮富含纤维，可作为纺织工业原料。

87. 香青兰 *Dracocephalum moldavica* L.

俗名：青兰、野青兰、青蓝、臭蒿、臭仙欢、香花子、玉米草、蓝秋花、山薄荷、摩眼子

唇形科 Lamiaceae　青兰属 *Dracocephalum* L.

习性

中生，一年生草本，高15~40cm。

茎

茎直立，被短柔毛，钝四棱形，常在中部以下对生分枝。

叶

叶披针形至披针状条形，边缘具疏牙齿。

花

轮伞花序生于茎或分枝上部，每节通常具4花；苞片狭椭圆形，疏被微毛，每侧具3~5齿，齿尖具长2.5~3.5mm的长刺。花萼具金黄色腺点，密被微柔毛，常带紫色，2裂近中部，二唇形；上唇3裂至本身长度的1/4~1/3处，3齿近等大，三角状卵形，先端锐尖成长约1mm的短刺；下唇2裂至本身基部，斜披针形，先端具短刺。花冠淡蓝紫色、蓝紫色或稀白色，喉部以上宽展，外面密被白色短柔毛。冠檐二唇形：上唇短舟形，先端微凹；下唇3裂，中裂片2裂，基部有2小凸起。雄蕊微伸出，花丝无毛，花药平叉开；花柱无毛，先端2等裂。

果实

小坚果矩圆形，顶端平截。

花果期

花期7—8月，果期8—9月。

生境

生于干燥山地、山谷、河滩多石处。

分布

西北、华北及东北地区。

经济价值

药用　地上部分可入药，具有解表止痛、清热凉肝功效。

工业　全株含芳香油，可作为工业原料。

88. 脓疮草 *Panzerina lanata* var. *alaschanica*（Kuprian.）H. W. Li

俗名：野芝麻、白龙串彩、阿拉善脓疮草、绒毛脓疮草、白龙昌菜

唇形科 Lamiaceae　脓疮草属 *Panzeria* Moench

习性　旱生，多年生草本，高15~35cm。

根　具粗大的木质主根

茎　茎多分枝，从基部生出，密被白色短绒毛。

叶　叶宽卵形。茎生叶掌状（3~）5深裂，裂片分裂常达基部，狭楔形，小裂片卵形至披针形，上面密被贴生短毛，下面密被绒毛；叶具柄，细长，被绒毛。苞叶较小，3深裂。

花　轮伞花序，具多数花，组成密集的穗状花序；小苞片钻形，先端具刺尖，被绒毛。花萼管状钟形，外面密被绒毛，里面无毛；萼齿5，前2齿稍长，宽三角形，先端具短刺尖。花冠淡黄色或白色，外面被丝状长柔毛，里面无毛，呈二唇形：上唇盔状，矩圆形，基部收缩；下唇3裂，中裂片较大，倒心形，侧裂片卵形。雄蕊4，前对稍长；花丝丝状，略被微柔毛；花药黄色，卵圆形，2室，室平行。花盘平顶。花柱略短于雄蕊，先端为相等2浅裂。

果实　小坚果卵圆状三棱形，具疣点，顶端圆。

花果期　花期6—7月，果期7—8月。

生境　生于平沙地，砾质平沙地。

分布　西北地区及内蒙古等。

经济价值　药用　全草可入药，具有调经活血、清热利水功效。

环保　可作为水土保持植物。

89. 益母草 *Leonurus japonicus* Houttuyn

俗名：益母夏枯、森蒂、野麻、灯笼草、地母草、玉米草、黄木草、红梗玉米膏、大样益母草、假青麻草、益母艾、地落艾、坤草、龙昌昌

唇形科 Lamiaceae　益母草属 *Leonurus* L.

习性 中生，一年生或二年生草本，高30~80cm。

根 有密生须根的主根。

茎 茎直立，钝四棱形，微具槽，有倒向糙伏毛，棱上尤密，基部近于无毛，分枝。

叶 叶形变化较大。茎下部叶卵形，基部宽楔形，掌状3裂，裂片矩圆状卵形；中部叶菱形，基部狭楔形，掌状3半裂或3深裂，裂片矩圆状披针形；花序上部的苞叶条形或条状披针形，全缘或具稀少缺刻。

花 轮伞花序腋生，多花密集，圆球形，多数远离而组成长穗状花序；小苞片刺状，比萼筒短；无花梗。花萼管状钟形，外面贴生微柔毛，里面在离基部1/3处以上被微柔毛；齿5，前2齿靠合、较长，后3齿等长、较短。花冠粉红至淡紫红色，伸出于萼筒部分的外面被柔毛；冠檐二唇形，上唇直伸，下唇与上唇等长且3裂。雄蕊4，前对较长，花丝丝状，花柱丝状，无毛。

果实 小坚果矩圆状三棱形，长约2.5mm。

花果期 花期6—9月，果期9—10月。

生境 生于田野、路旁、阳坡。

分布 我国各省区。

经济价值 药用　全草可入药，具有活血化瘀、调经、利水、活血调经、清肝明目功效。

90. 枸杞 *Lycium chinense* Mill.

俗名：狗奶子、狗牙根、狗牙子、牛右力、红珠仔刺、枸杞菜

茄科 Solanaceae　枸杞属 *Lycium* L.

习性　中生，多分枝灌木，高达1m。

枝叶　多分枝，枝细长柔弱，常弯曲下垂，具棘刺，淡灰色，有纵条纹。单叶互生或于枝下部数叶簇生，卵状狭菱形至卵状披针形、卵形、长椭圆形，先端锐尖，基部楔形，全缘，两面均无毛，叶柄长3~10mm。

花　花常1~2（~5）朵簇生于叶腋；花梗细；花萼钟状，先端3~5裂，裂片多少有缘毛。花冠漏斗状，紫色，先端5裂；裂片向外平展，与管部几等长或稍长，边缘具密的缘毛，基部耳显著。雄蕊花丝长短不一，稍短于花冠，基部密生一圈白色绒毛。

果实　浆果卵形或矩圆形，深红色或橘红色。

花果期　花期7—8月，果期8—10月。

生境　生于山坡、荒地、丘陵地、盐碱地、路旁。

分布　西北、华北及东北等地区。

经济价值

食用　富含维生素，嫩叶可作蔬菜。

药用　果实、也和根皮入药，具有补肝肾、益精明目、清热凉血、退虚热、止渴及祛风明目等功效。

工业　种子油可食，可作为化工业原料。

环保　本种耐干旱，可作为水土保持植物。

91. 宁夏枸杞 *Lycium barbarum* L.

俗名：山枸杞、津枸杞、中宁枸杞、白疙针

茄科 Solanaceae　枸杞属 *Lycium* L.

习性

中生，灌木，高可达 2.5~3m。

枝叶

分枝较密，披散或略斜升，有生叶和花的长刺及不生叶的短而细的棘刺，具纵棱纹，灰白色或灰黄色。单叶互生或数片簇生于短枝上，长椭圆状披针形、卵状矩圆形或披针形，全缘。

花

花腋生，常1~2（~6）朵簇生于短枝上；花梗细；花萼杯状，先端通常 2中裂，有时其中1片再微2齿裂。花冠漏斗状；花冠筒明显长于裂片，中部以下稍窄狭，长1~1.5cm，粉红色或淡紫红色，具暗紫色条纹；先端5裂，裂片无缘毛。花丝基部稍上处及花冠筒内壁密生一圈绒毛。

果实

浆果宽椭圆形，红色。

花果期

花期6—8月，果期7—10月。

生境

生于土层深厚的沟岸、山坡、田埂和宅旁。

分布

西北、华北地区。

经济价值

食用　富含维生素，嫩叶可作蔬菜。

药用　果实、叶和根皮可入药，具有补肝肾、益精明目、清热凉血、退虚热、止渴及祛风明目等功效。

工业　种子油可食，可作为化工原料。

环保　本种耐干旱，可作为水土保持植物。

92. 黑果枸杞 *Lycium ruthenicum* Murray

俗名：哈日-侵娃音-哈日漠格、黑枸杞、苏枸杞、苏枸、苏联枸杞

茄科Solanaceae　枸杞属 *Lycium* L.

习性　中生，灌木，高可达1.5m。

枝叶　茎直立，多棘刺，多分枝，常成“之”形弯曲，白色，具不规则的纵条纹，小枝顶端成棘刺状，每节具短棘刺，短枝在幼枝上不明显，在老枝上着生于棘刺两侧，并呈瘤状。叶2~6枚簇生于短枝上，在幼枝上单叶互生，近棒状，有时为条状披针形，长0.5~2（3）cm，宽2~7mm。顶端钝，基部渐窄，肉质，无柄。

花　花1~2朵生于短枝上；花梗细，长3~10mm；花萼窄钟状，长4~5mm，不规则的2~4浅裂，裂片膜质，边缘具疏缘毛，果期萼稍膨大并包围果实中下部；花冠漏斗状，淡紫色，长1~1.2cm，先端5浅裂，裂片矩圆状卵形无缘毛；雄蕊着生于花冠筒中部，花丝基部稍上处和同高处花冠内壁均具稀疏绒毛；花柱与雄蕊近等长。

果实　浆果球形，直径4~9mm，成熟后黑紫色，汁液呈紫色；种子肾形，褐色，长1.5mm，宽2mm。

花果期　花期5—8月，果期8—10月。

生境　生于盐碱地、盐化沙地、河湖沿岸、干河床或路旁。

分布　西北地区。

经济价值

食用　富含含胡萝卜素、硫胺素等，可生食或熟食。

药用　果实水溶性部分含有丰富的枸杞活性多糖和花青素，是医疗作用与保健功能的主要有效成分。

环保　本种耐干旱和耐盐碱，可作为水土保持植物。

93. 曼陀罗 *Datura stramonium* L.

俗名：土木特张姑、沙斯哈我那、赛斯哈塔肯、醉心花闹羊花、野麻子、洋金花、万桃花、狗核桃、枫茄花、耗子阎王

茄科 Solanaceae　曼陀罗属 *Datura* L.

习性 中生，草本或半灌木状，高1~2m。

茎 茎粗壮，平滑，上部呈二歧分枝，下部木质化。

叶 单叶互生，宽卵形，边缘有不规则波状浅裂。

花 花单生于茎枝分叉处或叶腋，直立；花萼筒状，有5棱角；花冠漏斗状，下部淡绿色，上部白色或紫色，5裂，裂片先端具短尖头，花冠管具5棱。雄蕊不伸出花冠管外，花丝呈丝状，下部贴生花冠管上。雌蕊与雄蕊等长或雌蕊稍长；子房卵形，不完全4室；花柱丝状，长约6cm；柱头头状而扁。蒴果直立，卵形，长3~4.5cm，直径2.5~4.5cm，表面具有不等长的坚硬针刺，通常上部者较长，或有时仅粗糙而无针刺；成熟时自顶端向下作规则的4瓣裂，基部具五角形膨大的宿存萼，向下反卷。

果实 种子近卵圆形而稍扁。

花果期 花期7—9月，果期8—10月。

生境 生于住宅旁、路边或草地上。

分布 我国各省份。

经济价值

食用　富含维生素，嫩叶可作蔬菜。

药用　果实、叶和根皮可入药，具有补肝肾、益精明目、清热凉血、退虚热、止渴及祛风明目等功效。

工业　种子油可食，可作为化工原料。

环保　本种耐干旱，可作为水土保持植物。

94. 天仙子 *Hyoscyamus niger* L.

俗名：米罐子、克来名多那、苯格哈兰特、马铃草、黑莨菪、牙痛草、牙痛子、莨菪、骆驼籽、小天仙子、山烟子、薰牙子

茄科 Solanaceae 天仙子属 *Hyoscyamus* L.

习性 中生，二年生草本，高30~80cm，全株密生黏性腺毛及柔毛，有臭气。

根 具纺锤状粗壮肉质根。

叶 叶在茎基部丛生，呈莲座状；茎生叶互生，长卵形或三角状卵形，先端渐尖，基部宽楔形，无柄而半抱茎，或为楔形向下狭细呈长柄状，边缘羽状深裂或浅裂，或为疏牙齿，裂片呈三角状。

花 花在茎中部单生于叶腋，在茎顶聚集成蝎尾式总状花序，偏于一侧。花萼筒状钟形，密被细腺毛及长柔毛，先端5浅裂，裂片大小不等，先端锐尖具小芒尖，果期增大成壶状，基部圆形与果贴近。花冠钟状，土黄色，有紫色网纹，先端5浅裂；子房近球形。

果实 蒴果卵球状，中部稍上处盖裂，藏于宿萼内；种子小，扁平，淡黄棕色，具小疣状突起。

花果期 花期6—8月，果期8—10月。

生境 生于山坡、路旁及河岸沙地。

分布 西北、华北及西南地区。

经济价值
药用 种子及全草可入药，具有痛解痉、杀虫及止痛功效。
工业 种子含油，可作为化工原料。

95. 肉苁蓉 *Cistanche deserticola* Ma

俗名：察干高要、察干-高要、苁蓉、寸芸、大芸、查干-高要、松蓉

列当科 Orobanchaceae　肉苁蓉属 *Cistanche* Hoffmanns. & Link

习性　根寄生，多年生草本，高0.4~1.6m，大部分地下生。

茎　茎肉质，有时从基部分为2或3条，圆柱形或下部稍扁，不分枝，下部较粗向上逐渐变细，无毛。

叶　鳞片状叶多数，淡黄白色；下部叶紧密，宽卵形、三角状卵形；上部叶稀疏，披针形或狭披针形。

花　穗状花序；苞片条状披针形、披针形或卵状披针形，无毛；小苞片卵状披针形或披针形，与花萼等长或稍长，无毛；花萼钟状，5浅裂，裂片近圆形，无毛。花冠管状钟形；裂片5，开展，近半圆形；花冠管淡黄白色，裂片颜色常有变异，淡黄白色、淡紫色或边缘淡紫色，干时常变棕褐色。花丝上部稍弯曲，基部被皱曲长柔毛；花药顶端有骤尖头，被皱曲长柔毛。子房椭圆形，白色，基部有黄色蜜腺，花柱顶端内折，柱头近球形。

果实　蒴果卵形，2 瓣裂，褐色；种子多数，微小，椭圆状卵形或椭圆形，表面网状，有光泽。

花果期　花期5—6月，果期6—7月。

生境　生于荒漠带流沙，山前平原或半固定沙地。

分布　西北地区及内蒙古。

经济价值　药用　茎可入药，具有补肾阳、益精血及润肠通便功效。

96. 列当 *Orobanche coerulescens* Steph.

俗名：独根草、兔子拐棍、草苁蓉、北亚列当

列当科 Orobanchaceae　列当属 *Orobanche* L.

习性　根寄生，二年生或多年生草本，高10~35cm。全株密被蛛丝状长绵毛。

茎　茎不分枝，圆柱形，肉质，直径5~10mm，黄褐色，基部常膨大。

叶　叶鳞片状，卵状披针形，黄褐色。

花　穗状花序顶生；苞片卵状披针形，先端尾尖，稍短于花，棕褐色；花萼2深裂至基部，每裂片2浅尖裂。花冠蓝紫色或淡紫色，稀淡黄色，管部稍向前弯曲，二唇形：上唇宽阔，顶部微凹，下唇3裂（中裂片较大）。雄蕊着生于花冠管的中部，花药无毛，花丝基部常具长柔毛。

果实　蒴果卵状椭圆形；种子黑褐色。

花果期　花期6—8月，果期8—9月。

生境　生于海拔850~4000m砂丘、山坡及沟边草地上。

分布　西北、华北、东北地区及西藏、四川、云南、山东等。

经济价值　药用　全草可入药，具有补肾阳、强筋骨、润肠及消肿功效。

97. 车前 *Plantago asiatica* L.

俗名：蛤蟆草、饭匙草、车轱辘菜、蛤蟆叶、猪耳朵、大车前、车串串

车前科 Plantaginaceae　车前属 *Plantago* L.

习性　中生，二年生或多年生草本。

根　具须根。

叶　叶基生，椭圆形、宽椭圆形、卵状椭圆形或宽卵形，边缘近全缘、波状或有疏齿至弯缺，两面无毛或被疏短柔毛，有5~7弧形脉；叶柄长2~10cm，被疏短毛，基部扩大成鞘。

花　花葶少数，直立或斜升，被疏短柔毛；穗状花序圆柱形，具多花，上部较密集；苞片狭卵状三角形或三角状披针形，较花萼短，背部龙骨状凸起宽而呈暗绿色；花具短柄，萼裂片倒卵状椭圆形或椭圆形，先端钝，边缘白色膜质，背部龙骨状凸起宽而呈绿色；花冠裂片披针形或长三角形，先端渐尖，反卷，淡绿色。

果实　蒴果椭圆形或卵形，成熟时在基部上方盖裂；种子5~15，矩圆形，黑褐色。

花果期　花期4—8月，果期6—9月。

生境　生于草地、沟边、河岸湿地、田边、路旁或村边空旷处。

分布　西北、华北及东北地区。

经济价值

药用　种子可入药，具有清热利尿、渗湿通淋、明目及祛痰功效。

环保　可作为水土保持植物。

98. 大籽蒿 *Artemisia sieversiana* Ehrhart ex Willd.

俗名：白蒿、埃勒姆-察乌尔、安蒿、白艾蒿、白油蒿、臭蒿子、大白蒿

菊科 Asteraceae　蒿属 *Artemisia* L.

习性　中生，一年、二年生草本，高0.3~1m。

根　主根垂直，狭纺锤形，侧根多。

茎　茎单生，直立，具纵条棱，多分枝，茎、枝被灰白色短柔毛。

叶　基生叶在花期枯萎。茎下部与中部叶宽卵形或宽三角形，二至三回羽状全裂，稀深裂；一侧裂片2~3对，小裂片条形或条状披针形，先端钝或渐尖，两面被短柔毛和腺点；叶柄长2~4cm，基部有小型假托叶。上部叶及苞叶羽状全裂或不分裂，条形或条状披针形，无柄。

花　头状花序较大，半球形或近球形，具短梗，稀近无梗，下垂，有条形小苞叶，多数在茎上排列成开展或稍狭窄的圆锥状。总苞片3~4层，近等长；外、中层的长卵形或椭圆形，背部被灰白色短柔毛或近无毛，中肋绿色，边缘狭膜质；内层的椭圆形，膜质。边缘雌花2~3层，20~30，花冠狭圆锥状；中央两性花80~120，花冠管状。花序托半球形，密被白色托毛。

果实　瘦果矩圆形，褐色。

花果期　花果期7—10月。

生境　生于路旁、荒地、河漫滩、草原、干山坡或林缘等。

分布　西北、东北地区及内蒙古等。

经济价值　药用　全草可入药，具有祛风、清热及利湿功效。

99. 圆头蒿 *Artemisia sphaerocephala* Krasch.

俗名：白沙蒿、籽蒿、阿根、白杆子砂蒿、白砂蒿、查干-西巴嘎、蒿蒿柴、黄蒿、黄毛菜籽、米蒿、扑勒蒙、沙蒿、沙拉-沙巴嘎、香蒿、油沙蒿、油砂蒿、子蒿、白蒿

菊科 Asteraceae　蒿属 *Artemisia* L.

习性　超旱生，半灌木，高超过1m。

根　根状茎粗大，木质，具营养枝。

茎　茎通常数条，成丛，稀单一，外皮灰白色，有光泽，常薄片状剥落，后呈黄褐色、灰褐色或灰黄色。

叶　叶稍肉质，干后稍硬，黄绿色；短枝上叶常密集簇生。茎下部叶与中部叶宽卵形或卵形，一至二回羽状全裂；侧裂片2~3对；叶初时两面密被灰白色短柔毛，后脱落；叶柄长3~8mm，基部常有条形假托叶。上部叶羽状分裂或3全裂；苞叶不分裂，条形，稀3全裂。

花　头状花序球形，具短梗，下垂，多数在茎上排列成大型、开展的圆锥状。总苞片3-4层：外层的卵状披针形，半革质，背部黄绿色，光滑；中、内层的宽卵形或近圆形，边缘宽膜质或全为半膜质。边缘雌花4~12，花冠狭管状；中央两性花5~20，不结实，花冠管状。花序托半球形。

果实　瘦果卵形、长卵形或椭圆状卵形，黄褐色或暗黄绿色。

花果期　花果期7—10月。

生境　生于荒漠地区的流动、半流动或固定的沙丘上及干旱的荒坡上。

分布　西北地区及内蒙古、山西。

经济价值

饲用　枝、叶为牧区牲畜饲料。

药用　果实可入药，具有清热解毒、驱虫功效。

环保　本种抗风蚀、抗旱、固沙、抗寒、抗盐碱性能好，可在流动沙丘地区生长，枝可作沙障，可作为防风固沙植物。

100. 盐蒿 *Artemisia halodendron* Turcz. ex Bess.

俗名：差不嘎蒿、蒿蒿柴、好您-西巴嘎、褐沙蒿、呼伦－沙里尔日、普勒罕达、沙把嘎、沙蒿、差巴戈蒿、差把嘎蒿、黑沙蒿、沙漠蒿

菊科 Asteraceae　蒿属 *Artemisia* L.

习性 中旱生，半灌木，高 50~80cm。

根 主根粗长；根状茎粗大，木质，具多数营养枝。

茎 茎直立或斜向上。

叶 茎下部与营养枝叶宽卵形或近圆形，二回羽状全裂，侧裂片3~5对；小裂片狭条形，先端具硬尖头，边缘反卷；叶柄长1.5~4cm，基部有假托叶。中部叶宽卵形或近圆形，一至二回羽状全裂；小裂片狭条形；近无柄，有假托叶。上部叶与苞叶3~5全裂或不分裂。

花 头状花序卵球形，直立，具短梗或近无梗，有小苞叶，多数在茎上排列成大型、开展的圆锥状。边缘雌花4~8，花冠狭圆锥形或狭管状；中央两性花8~15，花冠管状。花序托凸起。

果实 瘦果长卵形或倒卵状椭圆形。

花果期 花果期7—10月。

生境 生于中低海拔地区的流动、半流动或固定的沙丘上。

分布 西北、东北地区及内蒙古、河北等。

经济价值

药用　嫩枝及叶可入药，具有止咳镇喘祛痰、解表、消炎功效。

环保　能在沙漠生长，主根深，侧根多，茎分枝多而长，繁殖力强，可用作为防风固沙植物。

101. 黄花蒿 *Artemisia annua* L.

俗名：香蒿、臭黄蒿

菊科 Asteraceae　蒿属 *Artemisia* L.

习性 中生，一年生草本，高1m左右。植株有浓烈的挥发性香气。

根 根单生，垂直。

茎 茎单生，粗壮，直立，具纵沟棱；茎、枝无毛或疏被短柔毛。

叶 叶纸质，绿色；叶两面无毛，或下面微有短柔毛，后脱落，具腺点及小凹点。中部叶二至三回栉齿状羽状深裂，小裂片通常栉齿状三角形，具短柄；上部叶与苞叶一至二回栉齿状羽状深裂，近无柄。

花 头状花序球形，有短梗，下垂或倾斜，极多数在茎上排列成开展而呈金字塔形的圆锥状。总苞片3~4层，无毛；外层的长卵形或长椭圆形，中肋绿色，边缘膜质；中、内层的宽卵形或卵形，边缘宽膜质。边缘雌花10~20，花冠狭管状，外面有腺点；中央的两性花10~30，结实或中央少数花不结实，花冠管状。花序托凸起，半球形。

果实 瘦果椭圆状卵形，红褐色。花果期8—10月。

生境 生于路旁、荒地、山坡、林缘等处及干河谷、半荒漠、砾质坡地等。

分布 我国各省份。

经济价值 药用　地上部分可入药，具有清热解暑、凉血、退虚热、截虐功效。

102. 苣荬菜 *Sonchus wightianus* DC.

俗名：南苦苣菜、取麻菜、甜苣、苦菜

菊科 Asteraceae　苦苣菜属 *Sonchus* L.

习性　中生，多年生草本，高20~80cm。

茎　茎直立，具纵沟棱，无毛，下部常带紫红色，通常不分枝。

叶　叶灰绿色。基生叶与茎下部叶宽披针形、矩圆状披针形或长椭圆形，具稀疏的波状牙齿或羽状浅裂，裂片三角形，边缘有小刺尖齿，两面无毛；基部渐狭成柄状，柄基稍扩大，半抱茎。中部叶与基生叶相似，但无柄，基部多少呈耳状，抱茎；最上部叶小，披针形或条状披针形。

花　头状花序多数或少数在茎顶排列成伞房状，有时单生；总苞钟状；舌状花黄色。

果实　瘦果矩圆形，褐色，稍扁，两面各有3~5条纵肋，微粗糙；冠毛白色。

花果期　花果期6—9月。

生境　生于山坡草地、林间草地、潮湿地或近水旁、村边或河边砾石滩。

分布　西北地区。

经济价值
食用　嫩茎叶可作野菜。
药用　全草可入药，具有清热解毒、消肿排脓、祛瘀止痛功效。

103. 牛蒡 *Arctium lappa* L.

俗名：大力子、恶实、鼠粘草

菊科 Asteraceae　牛蒡属 *Arctium* L.

习性　中生，二年生草本，高达1m。

根　根肉质，呈纺锤状，直径可达8cm，深60cm以上。

茎　茎直立，粗壮，具纵沟棱，带紫色，被微毛，上部多分枝。基生叶大型，丛生，宽卵形或心形，全缘、波状或有小牙齿。茎生叶互生，宽卵形，具短柄；上部叶渐变小。

花　头状花序单生于枝端，或多数排列成伞房状，梗长达10cm；总苞球形；总苞片无毛或被微毛，边缘有短刺状缘毛，先端钩刺状，外层者条状披针形，内层者披针形；管状花冠红紫色，狭管部长5~6mm，花冠裂片狭长。

果实　瘦果椭圆形或倒卵形，灰褐色；冠毛白色。

花果期　花果期6—8月。

生境　生于山坡、山谷、林缘、林中、灌木丛中、河边潮湿地、村庄路旁或荒地。

分布　我国各省区。

经济价值　药用　果实和根可入药，具有疏散风热、宣肺透疹、散结解毒、清热解毒、疏风利咽功效。

104. 蒲公英 *Taraxacum mongolicum* Hand.-Mazz.

俗名：黄花地丁、婆婆丁、蒙古蒲公英、灯笼草、姑姑英、地丁

菊科 Asteraceae　蒲公英属 *Taraxacum* F. H. Wigg.

习性 中生，多年生草本。

叶 叶长圆状倒披针形或倒披针形，外层全缘或边缘波状，向内层边缘具不整齐牙齿或倒向浅裂至深裂，先端钝，两面疏被蛛丝状毛或无毛，基部狭成短柄。

花 花葶数个，与叶近等长，中下部疏被柔毛或无毛，上部密被蛛丝状绵毛；总苞长12~14mm。总苞片3层：外层卵状披针形或披针形，背部密被白色长柔毛，背部先端具大角状凸起；内层线形或线状披针形，背部先端具小角状凸起。舌状花黄色。

果实 瘦果长圆形，上部具刺瘤状突起，喙长6~8mm；冠毛白色。

花果期 花果期5—7月。

生境 生于中低海拔地区的山坡草地、路边、田野、河滩。

分布 西北、华北、东北及西南等地区。

经济价值 药用　全草可入药，具有清热解毒、消肿散结功效。

105. 达香蒲 *Typha davidiana* (Kronf.) Hand.-Mazz.

俗名：达氏香蒲、大卫香蒲、大香蒲、毛腊、毛腊黄、蒙古香蒲、蒲草、蒲黄、香蒲、咱格麻、哲格斯

香蒲科Typhaceae　香蒲属 *Typha* L.

习性 水生，多年生水生或沼生草本。

根 根状茎横生泥中，粗壮。

茎 茎直立，高约1m，基部具枯叶。

叶 叶狭条形，基部鞘状，抱茎。

花 雌雄花序离生，相距2~4cm。雄花序在上，雌花序在下，矩圆形或椭圆形，叶状苞片比叶宽，花后脱落；雌花具匙形或近三角形小苞片。孕性雌花柱头条形或披针形；花柱很短；子房披针形，具深褐色斑点，子房柄长3~4mm。不孕雌花子房倒圆锥形，具褐色斑点，子房柄基部着生；白色丝状毛，多少上延，果期通常与小苞片和柱头近等长，长于不孕雌花。

果实 果实披针形，具棕色条纹，果柄不等长；种子纺锤形，黄褐色，微弯。

花果期 花期6—7月，果期9—10月。

生境 生于湖泊、河流近岸边、水沟及沟边湿地等环境。

分布 新疆、内蒙古等地区。

经济价值

药用　花粉及全草可入药，具有止血、祛瘀、通淋、利尿、消肿功效。

用材　叶可编织，作为工业原料。

106. 白草 *Pennisetum flaccidum* Griseb.

俗名：兰坪狼尾草、白花草、白羊、牛草、白穗狼尾草、倒生草、都尔哇、五龙、昭巴拉格、中亚狼尾草

禾本科 Poaceae　狼尾草属 *Pennisetum* Rich.

习性　中旱生，多年生草本。

根　具横走根茎。

秆　秆单生或丛生，直立或基部略倾斜。

叶　叶鞘无毛或于鞘口及边缘具纤毛，有时基部叶鞘密被微细倒毛；叶舌膜质，顶端具纤毛；叶片条形，无毛或有柔毛。

花　穗状圆锥花序呈圆柱形，直立或微弯曲；主轴具棱，无毛或有微毛；刚毛绿白色或紫色，具向上微小刺毛。小穗多数单生，有时2~3枚成簇；小穗簇总梗极短。第一颖长0.5~1.5mm，先端尖或钝，脉不显；第二颖长 2.5~4mm，先端尖，具3~5脉。第一外稃与小穗等长，具7~9脉，内稃膜质而较之为短或退化，具3雄蕊或退化；第二外稃与小穗等长，先端亦具芒状小尖头，具3 脉，脉向下渐不明显，内稃较之略短。

花果期　花果期7—9月。

生境　生于山坡、山地、田埂等地。

分布　西北、东北地区及西藏等。

经济价值　饲用　是一种优良牧草。

107. 冰草 *Agropyron cristatum*（L.）Gaertn.

俗名：扁穗草、根状茎冰草、扁穗水草、大麦草、麦穗草、毛油油

禾本科 Poaceae　冰草属 *Agropyron* Gaertn.

习性 旱生，多年生草本。

根 须根稠密，外具沙套。

秆 秆疏丛生或密丛生，直立或基部节微膝曲。

叶 叶鞘紧密裹茎，粗糙或边缘微具短毛；叶舌膜质，顶端截平而微有细齿；叶片质较硬而粗糙，边缘常内卷，长4~18cm，宽2~5mm。穗状花序较粗壮，矩圆形或两端微窄，为宽短扁卵形，穗轴生短毛，节间短，长0.5~1mm；小穗紧密平行排列成2行，整齐呈篦齿状，长6~9（~12）mm，含（3~）5~7小花；颖舟形，脊上或连同背部脉间被密或疏的长柔毛，第一颖长2~4mm，第二颖长4~4.5mm，具略短或稍长于颖体之芒。外稃舟形，被稠密的长柔毛或显著地被稀疏柔毛，边缘狭膜质，被短刺毛，第一外稃长4.5~6mm，顶端芒长2~4mm；内稃与外稃略等长，先端尖且2 裂，脊具短小刺毛。

花果期 花果期7—9月。

生境 生于黄土山坡、石质山坡、河漫滩、山间谷地、干草甸、沙地。

分布 西北、华北及东北等地区。

经济价值 饲用　为优良牧草，营养价值高，是中等催肥饲料。

108. 拂子茅 *Calamagrostis epigeios*（L.）Roth

俗名：林中拂子茅、密花拂子茅

禾本科 Poaceae　拂子茅属 *Calamagrostis* Adans.

习性 中生，多年生草本，具根状茎。

秆 秆直立，高0.8~1.4m，直径可达3mm，平滑无毛。

叶 叶鞘平滑无毛；叶舌膜质，长5~6mm，先端尖或2裂；叶片扁平或内卷，长10~29cm，宽2~5mm，上面及边缘糙涩，下面较平滑。

花 圆锥花序直立，有间断，长10.5~17cm，宽2~2.5cm；分枝直立或斜上，粗糙。小穗条状锥形，长 6~7.5mm，黄绿色或带紫色；二颖近等长或第二颖稍短，先端长渐尖，具1~3脉。外稃透明膜质，长约为颖体的1/2（或稍超逾 1/2），先端齿裂，基盘之长柔毛几与颖等长或较之略短，背部中部附近伸出1细直芒，芒长2.5~3mm；内稃透明膜质，长为外稃的2/3，先端微齿裂。

花果期 花果期7—9月。

生境 生于河漫滩沙地、河湖谷地、丘间低地、轻度盐碱化草地及河岸沟渠旁。

分布 我国各省份。

经济价值
饲用　为牲畜喜食的牧草。
环保　根茎顽强，抗盐碱土壤，耐强湿，可作为水土保持植物。

109. 假苇拂子茅 *Calamagrostis pseudophragmites* (Hall. F.) Koel.

俗名：假苇子、大叶章、大叶樟、段苇拂子茅

禾本科 Poaceae　拂子茅属 *Calamagrostis* Adans.

习性　中生，多年生草本，具横走的根状茎。

秆　秆直立，高30~60cm，平滑无毛。

叶　叶鞘平滑无毛；叶舌膜质，背部粗糙，先端2裂或多撕裂，长5~8mm；叶片常内卷，长8~16cm，宽1~3mm，上面及边缘点状粗糙，下面较粗糙。

花　圆锥花序开展，长10~19cm；主轴无毛，分枝簇生，细弱，斜升，稍粗糙。小穗熟后带紫色，长5~7mm；颖条状锥形，具1~3脉，粗糙，第二颖较第一颖短2~3mm，成熟后二颖张开。外稃透明膜质，长3~3.5mm，先端微齿裂，基盘之长柔毛与小穗近等长或较之稍短，芒自近顶端处伸出，细直，长约3mm；内稃膜质透明，长为外稃的 2/5~2/3。

花果期　花果期7—9月。

生境　生于海拔350~2500m山坡草地或河岸阴湿之处。

分布　西北、华北及东北等地区。

经济价值
饲用　是一种优良牧草。
环保　可作为防风固沙植物。

110. 狗尾草 *Setaria viridis*（L.）P. Beauv.

俗名：谷莠子、莠、阿罗汉草、稗子草、非洲狗尾草、毛莠莠

禾本科 Poaceae 狗尾草属 *Setaria* P. Beauv.

习性 中生，一年生草本。

秆 秆高20~60cm，直立或基部稍膝曲，单生或疏丛生。

叶 叶鞘较松弛，无毛或具柔毛；叶舌由一圈长1~2mm 的纤毛组成；叶片扁平，条形或披针形，绿色，先端渐尖，基部略呈钝圆形或渐窄。

花 圆锥花序紧密成圆柱状，直立，有时下垂，长2~8cm，宽（刚毛除外）4~8mm；刚毛长为小穗的2~4倍，粗糙，绿色、黄色或稍带紫色。小穗椭圆形，先端钝，长2~2.5mm。第一颖卵形，长约为小穗的1/3，具3脉；第二颖与小穗几乎等长，具5脉。第一外稃与小穗等长，具5脉，内稃狭窄；第二外稃具有细点皱纹。

果实 谷粒长圆形，顶端钝，成熟时稍肿胀。

花果期 花果期7—9月。

生境 生于荒野、道旁。

分布 我国各省份。

经济价值

饲用 秆、叶可作为饲料。

药用 全草可入药，具有祛风明目、清热除湿、利尿、消肿排脓功效。

工业 全草含粗纤维34.4%，可作为纺织工业原料。

111. 芨芨草 *Achnatherum splendens*（Trin.）Nevski

俗名：德拉苏、德勒苏、德里斯、织机草、积机、积机草

禾本科 Poaceae　芨芨草属 *Achnatherum* P. Beauv.

习性 旱中生，多年生草本。

秆 秆密丛生，直立或斜升，坚硬，高0.8~2m，通常光滑无毛。

叶 叶鞘无毛或微粗糙，边缘膜质；叶舌披针形。

花 圆锥花序开展开花时呈金字塔形；主轴平滑或具纵棱而微粗糙，分枝数个簇生，细弱，基部裸露。小穗披针形，具短柄，灰绿色、紫褐色或草黄色；颖披针形或矩圆状披针形，膜质，顶端尖或锐尖，具1~3脉，第一颖显著短于第二颖，具微毛，基部常呈紫褐色。外稃长4~5mm，具5脉，密被柔毛，顶端具2微齿；基盘钝圆，长约0.5mm，有柔毛；芒长5~10mm，自外稃齿间伸出，直立或微曲，但不膝曲扭转，微粗糙，易断落。内稃脉间有柔毛，成熟后背部多少露出外稃之外；花药条形，顶端具毫毛。

花果期 花果期6—9月。

生境 生于微碱性的草滩及砂土山坡上。

分布 西北、华北及东北地区。

经济价值

饲用　本种植物在早春幼嫩时，为牲畜良好的饲料。

工业　秆叶坚韧，长而光滑，可作为纺织工业原料。

环保　可作为改良碱地及水土保持植物。

112. 芦苇 *Phragmites australis* (Cav.) Trin. ex Steud.

俗名：好鲁苏、呼勒斯、呼勒斯鹅、葭、蒹、芦、芦草、芦柴、芦头、芦芽、苇、苇葭、南方芦苇、南芦苇、苇子草

禾本科 Poaceae　芦苇属 *Phragmites* Adans.

习性 湿生，多年生草本，根状茎十分发达。

秆 秆直立，坚硬，高0.5~2.5m，直径2~10mm，节下通常被白粉。

叶 叶鞘无毛或被细毛；叶舌短，类似横的线痕，密生短毛；叶片扁平，长 15~35cm，宽1~3.5cm，光滑或边缘粗糙。

花 圆锥花序稠密，开展，微下垂，长8~30cm；分枝及小枝粗糙。小穗长12~16mm，通常含3~5小花；二颖均具3脉，第一颖长4~6mm，第二颖长6~9mm。外稃具3脉，第一小花常为雄花，其外稃狭长披针形，长10~14.5mm，内稃长3~4mm；第二外稃长10~15mm，先端长渐尖，基盘细长，有长6~12mm的柔毛，内稃长约3.5mm，脊上粗糙。

花果期 花果期7—9月。

生境 生于平坦沙地、小型沙丘、盐渍化土壤、沼泽、湖岸和河岸。

分布 我国各省份。

经济价值
- 饲用　幼嫩时为牲畜牧草。
- 药用　茎可入药，具有清热、生津、止呕、健胃及利尿功效。
- 工业　秆粗而坚韧，可作为纺织工业原料。
- 环保　可作为固堤造陆先锋环保植物。

113. 沙鞭 *Psammochloa villosa* (Trin.) Bor

俗名：沙竹、苏乐、苏利

禾本科 Poaceae　沙鞭属 *Psammochloa* Hitchc.

习性 旱生，多年生草本。

根 水平根状茎长达2~3m，横生于沙中。

秆 秆直立，光滑无毛，高1~1.5m，诸节多密集于基部。

叶 叶鞘光滑无毛或微粗糙，疏松抱茎，具狭窄的膜质边缘；叶舌膜质，透明，顶端渐尖而通常呈撕裂状，扁平或边缘内卷。

花 圆锥花序较紧缩，直立；分枝斜向上升，穗轴及分枝均被细短毛。小穗披针形，含1小花，白色、灰白色或草黄色；小穗柄短于小穗，被较密的细短毛。颖草质，近相等或第一颖较短，先端渐尖至稍钝，具3~5脉，疏生白色微毛。外稃纸质，具5~7脉，背部密生长柔毛，顶端具2微裂齿；基盘较钝圆，无毛或疏生细柔毛；芒自外稃顶端裂齿间伸出，直立，被较密的细小短毛，易脱落。内稃与外稃等长或近等长，背部圆形，无脊，密生柔毛，具5脉，中脉不甚明显，边缘内卷，不为外稃紧密包裹；花药矩圆形或矩圆状条形，顶端具毫毛。

果实 颖果圆柱，紫黑色。

花果期 花果期5—9月。

生境 生于沙丘、平沙地、干河床。

分布 西北地区及内蒙古等。

经济价值 环保　具发达的根茎，可作为固沙植物。

114. 羊草 *Leymus chinensis* (Trin.) Tzvel.

俗名：黑雅嘎、碱草、夏格、滨麦、宽穗赖草

禾本科 Poaceae　赖草属 *Leymus* Hochst.

习性　中旱生，多年生草本，具下伸或横走根茎。

根　须根具沙套。

茎　秆成疏丛或单生，直立，无毛，高45~85cm。

叶　叶鞘光滑；有叶耳，长1.5~3mm；叶舌纸质，截平，长0.5~1mm；叶片质厚而硬，扁平或干后内卷，长6~20cm，宽2~6mm，上面粗糙或有长柔毛，下面光滑。

花　穗状花序劲直，长7.5~16.5 (~26) cm，穗轴强壮，边缘疏生长纤毛；小穗粉绿色，熟后呈黄色，通常在每节孪生或在花序上端及基部者为单生，长8~15 (~25) mm，含4~10小花，小穗轴节间光滑；颖锥状，质厚而硬，具1脉，上部粗糙，边缘具微细纤毛，其余部分光滑，第一颖长 (3~) 5~7mm，第二颖长6~8mm。外稃披针形，光滑，边缘狭膜质，顶端渐尖或形成芒状尖头，基盘光滑，第一外稃长7~10mm；内稃与外稃等长，先端微2裂，脊上半部具微细纤毛或近于无毛。

花果期　花果期6—8月。

生境　生于沙地、盐碱地、盐化草甸，河谷砾石地、田间、山地下部。

分布　华北、东北地区及新疆、陕西等。

经济价值　饲用　优质牧草。

115. 扁秆荆三棱 *Bolboschoenus planiculmis* (F. Schmidt) T. V. Egorova

俗名：扁秆藨草、扁杆荆三棱、扁杆蔗草、穗三棱草、云林莞草

莎草科 Cyperaceae　三棱草属 *Bolboschoenus* (Asch.) Palla

习性　湿生，多年生草本，具匍匐根状茎和块茎。

根　根状茎匍匐，其顶端增粗成球形或倒卵形的块茎，长1~2cm，直径宽 1~1.5cm，黑褐色。

秆　秆单一，高10~85cm，三棱形。

叶　基部叶鞘黄褐色，脉间具横隔；叶片长条形，扁平，宽2~4 (~5) mm。

花　苞片1~3，叶状，比花序长1至数倍；长侧枝聚伞花序短缩成头状或有时具1至数个短辐射枝，辐射枝常具1~4 (~6) 小穗；小穗卵形或矩圆状卵形，长1~1.5 (~2) cm，宽4~7mm，黄褐色或深棕褐色，具多数花；鳞片卵状披针形或近椭圆形，长5~7mm，先端微凹或撕裂，深棕色，背部绿色，具1脉，顶端延伸成1–2mm的外反曲的短芒；下位刚毛2~4，等于或短于小坚果的一半，具倒刺；雄蕊3，花药长约 4mm，黄色；柱头2。

果实　小坚果倒卵形，扁平或中部微凹，有光泽。

花果期　花果期7—9月。

生境　生长于湖、河边近水处。

分布　华北、东北地区及青海、甘肃、河南、山东等。

经济价值

饲用　可作为牧草，供家畜采食。

药用　全草可入药，具有祛瘀通经、行气消积功效。

116. 菖蒲 *Acorus calamus* L.

俗名：臭草、大菖蒲、剑菖蒲、家菖蒲、土菖蒲、大叶菖蒲、剑叶菖蒲、水菖蒲、白菖蒲、十香和、凌水挡、水剑草、山菖蒲、石菖蒲、野枇杷、溪菖蒲、臭菖蒲、野菖蒲、香蒲、泥菖蒲、臭蒲、细根菖蒲

菖蒲科 Acoraceae　菖蒲属 *Acorus* L.

习性 水生，多年生草本。

根 根状茎粗壮，横走，直径8~10mm，外皮黄褐色，芳香，其上着生多数肉质须根，土黄色。

叶 叶基生，剑形，两行排列；叶片向上直伸，长 40~70cm，宽1~2cm，先端渐尖，基部宽而对褶，边缘膜质，具明显凸起的中脉。

花 花序柄三棱形，长30~50cm；佛焰苞叶状剑形，长25~40cm，宽5~10mm；肉穗花序斜向上，近圆柱形，长3.5~5cm，直径5~10mm；两性花黄绿色，花被片倒披针形，长约2.5mm，宽约1mm，上部宽三角形，内弯；雄蕊6，花丝扁平，与花被片约等长，花药淡黄色，卵形，稍伸出花被；子房长椭圆形，长约3mm，直径约1.5mm，具2~3室，每室含数个胚珠，花柱短，柱头小。

果实 浆果红色，矩圆形，紧密靠合，果序直径可达1.6cm。

花果期 花果期6—8月。

生境 生于水边、沼泽湿地或湖泊浮岛上。

分布 我国各省份。

经济价值 药用　茎可入药，具有化痰开窍、和中利湿功效。

117. 山丹 *Lilium pumilum* Redouté

俗名：山丹花、细叶百合、焉支花、簪簪花

百合科 Liliaceae　百合属 *Lilium* L.

习性

中生，多年生草本。

茎

鳞茎卵形或圆锥形，高3~5cm，直径2~3cm；鳞片矩圆形或长卵形，长3~4cm，宽1~1.5cm，白色。

叶

叶散生于茎中部，条形，长3~9.5cm，宽1.5~3mm，边缘密被小乳头状突起。

花

花1至数朵，生于茎顶部，鲜红色，无斑点，下垂；花被片明显反卷，蜜腺两边有乳头状突起；花丝长2.4~3cm，无毛，花药长矩圆形，长7.5~10mm，黄色，具红色花粉粒；子房圆柱形，长约10mm，花柱长约17mm，柱头膨大，直径3.5~4mm，3裂。

果实

蒴果矩圆形，长约2cm，宽0.7~1.5cm。

花果期

花期7—8月，果期9—10月。

生境

生于山坡草地、林缘或固定沙地。

分布

西北、东北地区及内蒙古、山东。

经济价值

食用　茎含淀粉，供食用。

药用　茎可入药，具有润肺止咳、清心安神功效。

工业　含挥发油，可最为香料提取原料。

环保　可作为观赏植物。

118. 知母 *Anemarrhena asphodeloides* Bunge

俗名：穿地龙、大芦水、倒根草、地参、光知母、货母、金马狗、京知母、老娘脚后跟、连母

百合科 Liliaceae　知母属 *Anemarrhena* Bunge

习性 中旱生，多年生草本。

根 具横走根状茎，为残存叶鞘所覆盖；须根较粗，黑褐色。

叶 叶基生，向先端渐尖而呈近丝状，基部渐宽而呈鞘状，具多条平行脉，没有明显的中脉。

花 花葶直立，长于叶；总状花序通常较长，长20~50cm；苞片小，卵形或卵圆形，先端长渐尖；花2~3簇生，紫红色、淡紫色至白色；花被片6，条形，中央具3脉，宿存，基部稍合生；雄蕊3，生于内花被片近中部，花丝短，扁平，花药近基着，内向纵裂；子房小，3室，每室具2胚珠，花柱与子房近等长，柱头小。

果实 蒴果狭椭圆形，顶端有短喙，室背开裂，每室具1~2种子；种子黑色，具3~4纵狭翅。

花果期 花期7—8月，果期8—9月。

生境 生于山坡、草地或路旁较干燥或向阳的地方。

分布 东北、华北地区及甘肃、陕西等。

经济价值 药用　茎可入药，具有清热泻火、滋阴润燥功效。

119. 马蔺 *Iris lactea* Pall.

俗名：马莲、马帚、箭秆风、兰花草、紫蓝草、蠡实、马兰花、马兰、白花马蔺

鸢尾科 Iridaceae　鸢尾属 *Iris* L.

习性 中生，多年生草本。

根 根状茎粗壮，木质，斜伸，外包有大量致密的红紫色折断的老叶残留叶鞘及毛发状的纤维；须根粗而长，黄白色，少分枝。

叶 叶基生，坚韧，灰绿色，条形或狭剑形，顶端渐尖，基部鞘状，带红紫色，无明显的中脉。

花 花茎光滑；苞片3~5枚，草质，绿色，边缘白色，披针形，内包含有2~4朵花；花乳白色；花被管甚短，长约3mm，外花被裂片倒披针形，顶端钝或急尖，爪部楔形，内花被裂片狭倒披针形，爪部狭楔形；雄蕊长2.5~3.2cm，花药黄色，花丝白色；子房纺锤形。

果实 蒴果长椭圆状柱形，长4~6cm，直径1~1.4cm，有6条明显的肋，顶端有短喙；种子为不规则的多面体，棕褐色，略有光泽。

花果期 花期7—8月，果期9—10月。

生境 生于草甸、盐化草甸、河湖沿岸、盐化沙地、田边和路旁。

分布 西北、东北地区及内蒙古、河北、西藏、四川等。

经济价值

饲用　叶在冬季可作牛、羊、骆驼的饲料。

药用　种子、根和花可入药，具有凉血止血、清热利湿、止血、利尿功效。

工业　根的木质部坚韧而细长，可作为制造业和轻工业原料。

环保　本种耐盐碱、耐践踏，根系发达，可作为水土保持和改良盐碱土植物。

120. 手参 *Gymnadenia conopsea*（L.）R. Br.

俗名：阿拉干－查合日麻、额日和坦·努（口/戈）、佛手参、佛掌参、虎掌参、手儿参、手彦、西南手参

兰科 Orchidaceae　手参属 *Gymnadenia* R. Br.

习性　中生，多年生草本，多高20~75cm。

根　块茎1~2，肉质肥厚，两侧压扁，掌状分裂。

茎　茎直立，基部具2~3叶鞘，中部以下具3~7叶。

叶　叶互生，舌状披针形或狭椭圆形。

花　总状花序密集，圆柱状；花苞片披针形；花多为紫色或粉红色。中萼片矩圆状椭圆形或卵状披针形，略呈兜状；侧萼片斜卵形或矩圆状椭圆形，反折，边缘外卷，通常长于、稀等长于中萼片。花瓣较萼片宽，宽2.5~4mm，斜卵状三角形，与中萼片近等长，先端钝，边缘具细锯齿。萼片、花瓣均具3~5脉。唇瓣倒宽卵形或菱形，前部3裂，中裂片较大，先端钝；距细而长，圆筒状，下垂，前弯，长13~17mm，为子房的1.5~2倍，先端略尖。蕊柱长约2mm，花药椭圆形，先端微凹，长约1.2mm，花粉块柄长约0.6mm，粘盘近于条形，退化雄蕊矩圆形，蕊喙小。柱头2，隆起，近棒形，从蕊柱凹穴伸出；子房纺锤形，长8~10mm。

花果期　花期7—8月。

生境　生于山坡林下、草地或砾石滩草丛中。

分布　华北、东北地区及甘肃、陕西。

经济价值　药用　块茎可入药，具有补肾益精、理气止痛功效。